Leopold Landau, Theodor Landau

Die vaginale Radicaloperation

Technik und Geschichte

Leopold Landau, Theodor Landau

Die vaginale Radicaloperation
Technik und Geschichte

ISBN/EAN: 9783742869968

Hergestellt in Europa, USA, Kanada, Australien, Japan

Cover: Foto ©berggeist007 / pixelio.de

Manufactured and distributed by brebook publishing software (www.brebook.com)

Leopold Landau, Theodor Landau

Die vaginale Radicaloperation

Die

VAGINALE RADICALOPERATION.

Technik und Geschichte.

Von

Prof. Dr. **Leopold Landau** und Dr. **Theodor Landau**
in Berlin.

Mit 55 Abbildungen.

Berlin 1896.
Verlag von August Hirschwald.
NW. Unter den Linden 68.

Vorwort.

> Ἐς δὲ τὰ ἔσχατα νουσήματα αἱ ἔσχαται θεραπεῖαι
> ἐς ἀκριβείην κράτισται.
> (Hippokrates, Aphorismen.)

Wie die aromatischen Bähungen, die Mercurialeinreibungen und die Pinselungen der geduldigen Portio die gynäkologische Therapie vor einigen Jahrzehnten noch beherrschten, so giebt heute das Messer der Behandlung der Frauenleiden die Signatur.

Gleichzeitig mit der Erfindung der verschiedensten Operationen hat sich das Feld der Indicationen ins Ungemessene gedehnt. So konnte Noeggerath vor einigen Jahren ein traurig langes Register der Krankheiten zusammenstellen, welche die Anzeigen für die Emmet'sche Operation abgegeben haben; man heilte mittelst der Trachelorrhaphie, um nur einige der 26 Indicationen zu nennen, die Retroversio-flexio uteri, den Prolapsus uteri et vaginae, Epilepsie, Dementia und Salivation. So sagten es wenigstens die Veröffentlichungen. Und war es etwa anders mit den Anzeigen zur Collumabschneidung und zur Castration?

Der Erfolg der Operationen bei den Serien von Indicationen wurde seitens der Autoren durch gewaltige Zahlenreihen von Operirten bewiesen, die unter dem Schutze der Asepsis und Dank der Toleranz der weiblichen Genitalien mit dem Leben davongekommen waren. Die „wissenschaftliche" Begründung für die Zweckmässigkeit einer Operation wuchs bei dem Emporwuchern der operativen Gelüste zu der einfachen Formel aus: Mortalität einer Operation bei 100 oder 200 Fällen = 0; die Operation ist somit ungefährlich und darum gut. Das allein ausschlaggebende Kriterium für die Zweckmässigkeit einer operativen Maassnahme, der bleibende Erfolg, die Dauerheilung, verfiel bei der „rage de nombre" der Atrophie.

Oft genug hielt die Suggestion irgend eines Eingriffes auf die Kranke weniger lange an als die Autosuggestion des Operationserfinders, und neben dem malade imaginaire verdient heute der médecin imaginaire gewiss seinen Molière.

Darum darf man nicht staunen, wenn eine „in ausgedehntestem Maasse wirksame" Operation in kurzer Zeit von einer „noch wirksameren" überholt wird und wenn so die Mortalität der --- Operationen selbst eine erschreckend hohe geworden ist.

Kann es da Wunder nehmen, wenn der Practiker vergeblich sich bemüht, dem wechselnden Spiel der Erfindungssüchteleien, all' den überhasteten Variationen, Combinationen und Permutationen von Operationen und Operationsanzeigen zu folgen und schliesslich, im Unmuth über das Heer von Widersprüchen, der ganzen operativen, allzu schneidigen Richtung den Rücken kehrt? So gelangt er nothwendig zu dem anderen modernen Extrem, er wird therapeutischer Nihilist. Gewiss deckt sich eine solche Auffassung bei einer nicht kleinen Zahl gynäkologischer Affectionen weit eher mit den wahren Aufgaben eines besonnenen Arztes, als die operative Unermüdlichkeit gewisser enragierter Techniker.

Wie soll der Arzt den Gynäkologen noch verstehen, der beispielsweise die blosse, uncomplicirte Lageveränderung der Gebärmutter zum Ausgangspunkt gefährlicher operativer Unternehmungen macht? —

Andererseits ist es kaum nöthig hervorzuheben, wie grundfalsch es wäre, wollte man nach der entgegengesetzten Richtung übertreibend, jegliche operative Thätigkeit aus der Gynäkologie streichen.

Die Berechtigung eines chirurgischen Eingriffs überhaupt knüpft sich an die Erfüllung zweier Grundbedingungen: einmal, dass nicht die Krankheit von selbst oder durch gelindere Mittel heilt, und zweitens, dass die Kranke durch den klar vorgezeichneten, technisch abgerundeten Eingriff von ihrem Leiden befreit wird und bleibt. Treffen beide Voraussetzungen zu, so ist die Operation als solche legitimirt, ja, sie bildet dann im chirurgischen Sinne eine specifische Therapie der betreffenden Krankheit.

Eine solche Operation sehen wir in der Hystero-salpingo-oophorectomia vaginalis, von uns vaginale Radicaloperation genannt, die wir, ausser beim Carcinom, Sarcom und gewissen Fibroiden der Gebärmutter, ausser bei gewissen doppelseitigen Neoplasmen der Uterusanhänge, auch bei den allen andern Mitteln trotzenden, entzündlichen resp. eitrigen doppelseitigen Affectionen der Tuben und Ovarien üben.

Die Empfehlung und Begeisterung für eine unstreitig so einschneidende Operation könnte im Munde derer wunderbar erscheinen, die, wie wir, vor der operativen Vielgeschäftigkeit, vor den intrauterinen Injectionen, den Collumamputationen, den Castrationen bei Neurosen, der Vaginae- und Ventrifixatio uteri in Wort und Schrift genugsam gewarnt haben. Stellt nicht gegenüber der radialen Exstirpation der gesammten inneren Genitalien die Adnexabtragung etwa durch die „ungefährlichere" Cöliotomie den geringeren, vielleicht sogar wirksameren Eingriff dar? Nein! Weder den geringeren, noch den wirksameren Eingriff.

Die blosse Ausrottung der doppelseitig entzündeten und vereiterten Gebärmutteranhänge, ob von der Scheide oder von den Bauchdecken aus, mit gleichzeitiger Lösung von Darmverwachsungen oder selbst mit Einbringung von Oel in die Bauchhöhle ergiebt zwar vielleicht gute unmittelbare Operationsresultate, aber die Dauerheilung bleibt aus. Die Frauen genesen zwar von der Operation, aber nicht von ihrem Leiden. Denn nur ein Theil des Erkrankten wird entfernt, und der Keim und Kern der Affection, der entzündete Uterus, von dem in jedem Augenblick das Leiden wieder aufflackern kann, bleibt erhalten.

Diese Erfahrungen, die auch uns nach der blossen Adnexabtragung aus der letztgenannten Anzeige nicht erspart geblieben sind, haben den partiellen Operationen, als in jedem Sinne unvollkommenen, ihren Nimbus geraubt, und haben gezeigt, dass es für die Kranken besser ist, hier nicht Stückwerk zu vollbringen, sondern ganze Arbeit zu machen. Ja, es ist besser, dann gar nicht als nur unvollkommen einzugreifen. Hier trifft das Wort des Sulmonischen Dichters zu:

Curando fieri quaedam maiora videmus
Vulnera, quae melius non tetigisse foret.

Gerade die Dauererfolge der vaginalen Radicaloperation bei den entzündlichen und eitrigen doppelseitigen Adnexerkrankungen sind es, die ihr gegenüber den blossen Adnexausschneidungen ihren hervorragenden Werth verleihen.

Dass auch die unmittelbaren Ergebnisse des Verfahrens gute sind, ist bekannt. Wir selbst haben in den letzten Jahren bei vielfachen Gelegenheiten über die von uns bei entzündlichen und eitrigen doppelseitigen Anhangsveränderungen und speciell bei „complicirten Beckenabscessen" vorgenommenen vaginalen Radicaloperationen berichtet.

Bei dem erfreulich steigenden Interesse, das sich für diese Methode in den Kreisen der Fachgenossen zeigt, ist uns vielfach, insbesondere von Collegen, die in unserer Klinik derartigen Operationen beiwohnten, der Wunsch nach einer genaueren Beschreibung unserer Operationstechnik geäussert worden. Dieser oft wiederholten Aufforderung soll das vorliegende Buch in erster Linie genügen. Indem es die einzelnen Verfahren der Ausschneidung der gesammten inneren Genitalien auf vaginalem Wege, wie wir sie üben, beschreibt, soll es ein Lehrbuch dieser Operation sein.

Wir haben in wesentlicher Verfolgung dieses didactischen Zweckes naturgemäss von einer fortlaufenden knappen Schilderung des Verfahrens Abstand nehmen müssen. Vielmehr haben wir zunächst in mehr allgemeiner Weise die gleichmässig giltigen Grundgesetze unserer Technik entwickelt und dann in einem zweiten Theile jede der einzelnen Methoden im Besonderen unter Zufügung der entsprechenden Indicationen beschrieben. So soll dem Chirurgen die Durchsicht jedes einzelnen Verfahrens für sich ermöglicht werden und damit für ihn das Werk ein Nachschlagebuch bilden. Natürlich sind so gewisse Wiederholungen unvermeidlich, ja, nothwendig.

Weiterhin glauben wir dem Lehrzweck der Arbeit durch die zahlreichen in den Text gefügten Abbildungen zu nützen, die von der geschickten Hand des wissenschaftlichen Zeichners, Herrn Uvira-Berlin, entworfen, in klarer und vorbildlicher Form die mannigfachen Acte, Arten und Unterarten der Operation erläutern.

Zum Theil haben wir eine mehr schematische Form für die Zeichnungen gewählt, zum Theil aber geben sie Operationsmomente, die unmittelbar nach dem Leben photographirt im Bilde festgehalten sind. Um jeden Vorwurf schematisirender Eintheilung von vornherein zu entkräften, haben wir eine Anzahl von Präparaten abgebildet, die nach dieser oder jener Methode gewonnen, später entsprechend wieder zusammengefügt sind und, gleichfalls nach der Natur photographirt, die Indicationen und Schilderungen des betreffenden Verfahrens erläutern, seine Ausführbarkeit beweisen und so die theoretische Schilderung practisch begründen und beleben. In gleichem Sinne haben wir auch dem Buche für jede einzelne der Präparatentafeln klinische und pathologisch-anatomische Daten angeschlossen.

Bei der Anfertigung dieser Präparate, sowie überhaupt bei der Fertigstellung der Arbeit wurden wir in hervorragendem Maasse von unserem Assistenzarzt, Herrn Dr. Ludwig Pick, unterstützt.

Der Technik der Operation haben wir die Geschichte derselben vorausgeschickt. Dabei war für uns — von Anderem abgesehen — der Gesichtspunkt leitend, dass auch in der Entwicklung der Operation selbst eine Reihe von Erläuterungen ihrer Zwecke und Vortheile gegeben sind. In diesem Sinne möge man die historische Darstellung als einen Theil der allgemeinen Technik der Operation betrachten.

Berlin, im Mai 1896.

Leopold und **Theodor Landau.**

Inhaltsübersicht.

Seite

Theil I. Historisches zur Entwicklung der vaginalen Radicaloperation . 1 38
   Kapitel I. Zur Geschichte der Uterusexstirpation bis Péan. . . 1
   Kapitel II. Péan's Verbesserungen. Péan'sche Operation. . . . 6
   Kapitel III. Die Prioritätsansprüche Doyen's und Leopold's . . . 9
   Kapitel IV. Verbreitung der Péan'schen Operation. Polypragmatische Anwendung. Entwickelung der vaginalen Radicaloperation 25
   Kapitel V. Die vaginale Radicaloperation. Definition, Anzeigen und Begrenzung. Ihre Vorzüge. Unsere technischen Hilfsmittel und Grundprincipien 28
   Kapitel VI. Die vaginale Radicaloperation im weiteren Sinne . . . 37

Theil II. Die Technik der vaginalen Radicaloperation . . . . 38—157
  A. Allgemeines der Technik . . . . 39—56
   Kapitel I. Unser Verfahren: Das Extractionsverfahren. Das sogenannte Klemmverfahren. Eigenschaften und Vorzüge der Klemmen 39
   Kapitel II. Nichtschluss der Bauchhöhle. Heilungsmechanismus . . 44
   Kapitel III. Das Morcellement 48
   Kapitel IV. Eintheilung, Mechanismus und Ausführung der zerschneidenden Methoden 49
   Kapitel V. Die zerschneidenden Methoden und die Blutstillung. . . 53
   Kapitel VI. Unsere Eintheilung der Einzelverfahren der vaginalen Radicaloperation. Topographisch-anatomische Indicationsstellung 55
  B. Specielle Technik . . . . 56—157
   Kapitel I. Vorbereitung der Kranken, Narcose etc. 56
   Kapitel II. Armamentarium 64
   Kapitel III. Technik der verschiedenen Operationsarten (vergl. S.55) . 69
     A. a) Entfernung der Gebärmutter und ihrer Anhänge ohne Zerschneidung des Uterus beim beweglichen Organ . . . . 69—109
      1. Act: Freilegung und Anhakung der Portio 69
      2. Act: Umschneidung der Portio (verschiedene Schnittformen, probatorische Schnitte) 73

	Seite
3. Act: Auslösung des Uterus aus dem pericervicalen Gewebe. Die topographisch-anatomischen Beziehungen der Harnorgane (Blase, Ureteren) zum Genitalsystem	79
4. Act: Eröffnung der Bauchhöhle	87
5. Act: Luxation des Uterus und seiner Anhänge in die Scheide	89
6. Act: Blutstillung und Excision der Theile; Zahl der Klemmen und Art ihrer Anlegung	94
7. Act: Revision der Wunden, Einführung der Gazestreifen. Verhalten bei zu grosser oder zu kleiner Oeffnung im Scheidengrund	103

A. b) Entfernung der Gebärmutter und ihrer Anhänge ohne Zerschneidung des Uterus beim fixirten Organ . . 109—117

B. Entfernung der Gebärmutter und ihrer Anhänge mit Zerschneidung des Uterus . . . . 117—155
   a) Eröffnende Verfahren . . . . 117—130
      1) Mediane Aufschneidung einer Wand der Gebärmutter 117
      2) Totale Medianspaltung des Uterus 122
   b) Zerstückelnde Verfahren (Morcellement im engeren Sinne) . . . . 130—155
      1) Regelmässig zerstückelnde Verfahren . . 130—145
        α) Scheiben-, V- und Y-Schnitte . . . 130
        β) Bilaterale Aufschneidung des Uterus mit horizontaler Abtragung unter präventiver Blutstillung (klassisches Morcellement Péans) 139
      2) Unregelmässig zerstückelnde Verfahren (Morcellement im engern Sinne) . . . . . . 145—155
        α) Bei nicht oder nicht wesentlich vergrössertem Uterus 145
        β) Bei vergrössertem Uterus oder bei nicht vergrössertem Uterus und enger Scheide 147
        Eintheilung und Arten der unregelmässig zerstückelnden Verfahren beim vergrösserten Uterus 150
        Vermeidung der Nebenverletzungen und der Blutung beim Morcellement 154

C. Gemischte Verfahren . . . . 155—157
Nachbehandlung . . . . 157—165

Theil I.
Historisches zur Entwickelung der vaginalen Radicaloperation.

Kapitel I.
Zur Geschichte der Uterusexstirpation bis Péan.

Die totale Ausschneidung der Gebärmutter sammt ihren Anhängen hat in den letzten Jahren bezüglich ihrer Technik eine ungeahnte Vervollkommnung und in ihren Indicationen eine grosse Ausbreitung gewonnen. Durch gewisse technische Fortschritte ist für Gruppen von Erkrankungen ein sicherer und für manche der einzige Weg zur Heilung gebahnt worden. Die schwersten entzündlichen Leiden der inneren Genitalien, alle gutartigen und ein grosser Theil der malignen Geschwülste um und am Uterus sind für das Messer des Chirurgen angreifbar geworden. Und noch in einem zweiten und dritten Sinne stellt das Verfahren der Gebärmutterausschneidung, wie wir es heute üben, einen bedeutsamen Fortschritt in der chirurgischen Kunst auf gynäkologischem Gebiete dar.

Einmal hat sich aus der Entwicklung zunächst der vaginalen Hysterectomie die Erkenntniss von dem Werth der Hysterectomie überhaupt als einer überaus wirksamen Art der Bauchhöhlendrainage ergeben. Andererseits haben sich von dem Wege, den die modernste Methode der Exstirpation des Uterus und seiner Anhänge schreitet, einzelne Operationsetappen als selbstständige conservirende vaginale Verfahren abgezweigt, wenn auch freilich ihr Indicationsgebiet in massloser Weise erweitert, und ihr Werth vielfach überschätzt worden ist, — Colpo- oder Coeliotomia anterior und posterior vaginalis, Vaginaefixatio uteri u. dergl.

Da jetzt die Ausbildung der Exstirpationstechnik zu einem gewissen Ruhepunkt gelangt zu sein scheint und eine ausführliche Beschreibung unseres Verfahrens schon längst in Aussicht gestellt ist, so möchten wir in Nachfolgendem die technischen Principien und Details der von uns geübten vaginalen Ausschneidung der Gebärmutter sammt ihren Anhängen entwickeln. Ueber die von uns geübten abdominalen und combinirten Verfahren gedenken wir an anderer Stelle zu sprechen.

Die vorliegende Schrift wird naturgemäss durch die Schilderung der Technik auch ein Bild der Anzeigen und Ausdehnung der vaginalen Exstirpationsmethoden in sich schliessen, Theoretisches wird sie nur insoweit bringen, als es in unseren Beobachtungen und Ergebnissen seine Wurzel findet. Wenn wir insbesondere unseren Standpunkt als einen eigenen und neuen bezeichnen, so werden wir nothwendigerweise einen kurzen Rückblick auf die Entwickelung und Geschichte der Gebärmutterausrottung geben müssen.

Man kann den ersten Abschnitt der Entwicklung der Uterusexstirpation bis zum Bekanntwerden der Veröffentlichungen W. A. Freund's (1878)[1]) und Czerny's (1879)[2]) datiren. Vorher Nichts als tastende Versuche, wagemuthiges Vorgehen des Einzelnen, dem immer wieder von der allgemeinen Meinung in Wort und Schrift ein Halt gesetzt wird. Abgesehen von der Inversio uteri, bei der schon 1575 Ambroise Paré eine Abtragung des Organs (vielleicht nur partieller Art) vornahm[3]), war es ausschliesslich das Carcinom, das bei seiner Häufigkeit und seinem unheilvollen Verlauf dem sonst ohnmächtigen Arzte das Messer immer wieder in die Hand drückte. Es ist unbestreitbar, dass gleich die erste Angabe über die Ausführung der Gebärmutterausschneidung etwas in sich Geschlossenes und Vollendetes darstellt, so zwar, dass die vaginale Methode der Neuzeit in technischer Beziehung nicht viel Neues hinzuzufügen vermochte. Im Jahre 1809 schlug Struve im Hufeland'schen Journal (Bd. 16, St. 3, S. 123) vor, zwecks Ausrottung der krebsigen Gebärmutter einen Vorfall des Uterus zu bewirken, ihn mit einer Zange vorzuziehen, die Vaginalportion durch einen Zirkelschnitt zu trennen, die Gefässe zu unterbinden und den Uterus von seinen Bändern zu lösen — ein Spiegelbild der heute üblichen Nahtmethode. Zehn Jahre später erfolgt die bekannte Langenbeck'sche Veröffentlichung[4]). Doch verkörpert sich die gegentheilige Anschauung der Fachgenossen alsbald in der schonungslos verwerfenden Kritik Johann Christian Gottfried Jörg's (1821)[5]). Selbst die

---

[1]) W. A. Freund, Eine neue Methode der Exstirpation des ganzen Uterus. Volkmann's Samml. klin. Vortr. No. 133.
[2]) Czerny, Ueber die Ausrottung des Gebärmutterkrebses. Wien. med. Wochenschr. 1879. No. 46. 49.
[3]) Historische Daten über die operative Behandlung der Inversio uteri finden sich u. A. bei A. Franchomme, Journ. des scienc. méd. de Lille. I. Juni 1895.
[4]) Neue Bibliothek f. d. Chirurgie u. Ophthalmologie. Bd. 1. St. 3. S. 558.
[5]) Cf. hierfür und für die übrigen Angaben Theodor Landau, Geschichte, Technik und Indication der Totalexstirpation der krebsigen Gebärmutter. Berlin 1893. Hirschwald.

concurrirenden, besonders durch Osiander (1808) empfohlenen partiellen Gebärmutterexcisionen finden bei ihm nur ganz eingeschränkte Billigung. Ganz sporadisch treten in der Folgezeit weitere Versuche hervor. Sie knüpfen sich an die Namen Wolf, Sauter, Blundel, Recamier, Roux, Paletta, v. Siebold, Dubled, C. Wenzel, Gendrin, Gutberlet, Delpech. Gar verschieden sind die einzelnen Wege dieser Autoren. Der Eine operirt mit der Naht, der Andere stillt die Blutung mit Feuerschwamm oder Charpie, der Eine operirt nur am vorgefallenen Uterus, der Andere prolabirt ihn mit Haken und Steinzange, ein Dritter schneidet ihn in situ aus, dieser operirt rein vaginal, jener rein abdominal und endlich ein Anderer greift zum combinirten Verfahren. Und was erreichten alle diese Bemühungen? Man lese Joh. Friedr. Dieffenbach[1]).

Das Kapitel über die Totalexstirpation des Uterus hebt er an:

„Den ganzen Uterus aus dem Leibe eines Weibes herausnehmen, heisst dem Weibe die Seele, wenn auch nur die kranke Seele, ausschneiden, ein Gedanke, bei dem eigentlich jeder Mensch bebt. Die Exstirpation des ganzen Uterus, der ein so wichtiges Organ im weiblichen Körper ist, ist eigentlich eine ebenso grosse Operation, als wollte man die Milz, die Nieren, oder irgend ein anderes krankes Organ entfernen. Dennoch haben kühne Männer diese Operation versucht, und wir müssen ihnen Dank dafür sagen, dass sie durch die Resultate ihrer schaudervollen Operationen den Beweis abgelegt haben, dass dieselben aus dem Gebiete der Chirurgie gänzlich zu verbannen sind." — „Anzeigen zu dieser Operation giebt es nach meiner Meinung keine. Die unternommenen Ausschneidungen der Gebärmutter tragen mehr den Character der Mordgeschichten, als der heilbringenden chirurgischen Operationen."

An anderer Stelle (S. 799):

„Es ist ein ganz falsches Princip, wenn man irgend einer grossen chirurgischen Operation deshalb das Bürgerrecht in der Chirurgie verleihen will, weil irgend ein Mensch dieselbe einmal überlebt hat. Weil Sauter das Glück hatte, eine Kranke, welcher er den Uterus exstirpirte, zu erhalten, alle anderen Patienten aber nichts als den Tod darnach ernteten, nachdem sie die furchtbarste aller Operationen nach der furchtbarsten Krankheit erduldet hatten, so sollte man nicht weiter solche Metzeleien unternehmen, wenn auch der Schwefeläther die Sache erleichtern könnte. Was einmal gelungen ist, gelingt deshalb nicht wieder. Wenn der englische Kutscher, dem eine Deichsel quer durch die Brust fuhr, oder der amerikanische Matrose, dem ein Ankerhaken durch den Leib ging, geheilt wurden, so sind das nur Zufälle, schwerer zu Stande zu bringen, als das grosse Loos in der Lotterie zu gewinnen.

---

[1]) J. Fr. Dieffenbach, Die operative Chirurgie. Bd. 2. S. 794ff. Leipzig 1848. F. A. Brockhaus.

Ungeachtet der schaudervollen Vorbilder wird es nicht ausbleiben, dass irgend ein Wundarzt noch eine neue Methode erfinde, den Uterus zu exstirpiren. Möchte doch lieber Jemand uns lehren, den Uteruskrebs durch Medicamente zu heilen. Leichtere Methoden, den Uterus zu exstirpiren, als die vorhandenen, können schwerlich aufgefunden werden; denn die Schwierigkeit des Ortes, die wichtigsten Verbindungen des Organs und die Krankheit werden immer dieselben bleiben, andere, bessere Schnittrichtungen sind nicht möglich, und Nebenverletzungen der schwersten Art, wie die der Blase, öfter von den geübtesten Händen bewirkt worden. Die furchtbare Consequenz in Verfolgung ihres Ziels führte die Aerzte gar endlich auf die unglückliche Idee, die Exstirpation der kranken Gebärmutter von der Bauchhöhle aus sich zu erleichtern, und dennoch musste ein grosser Theil derselben zugleich von unten aus gemacht werden. Der schnelle Tod war das Ergebniss dieser Unternehmungen. Möchte gerade diese furchtbare Höhe, welche die Operation in dieser Weise erklommen, ihren Sturz für immer bewirkt haben!"

Wenn durch derartig schreckenvolle Abmahnung jegliche auf die Entfernung der ganzen Gebärmutter gerichtete chirurgische Bestrebung in Acht und Bann gethan ward, so wird man die geringe Zahl von Vorkämpfern für die Hysterectomie in den folgenden Decennien erklärlich finden. Um so mehr wird man denjenigen Beifall zollen müssen, die trotz alledem, in Anbetracht des trostlosesten aller Leiden, des Carcinoms, den Muth ihrer Ueberzeugung fanden, selbst bei ungünstigem eigenem Erfolge dennoch in Schrift und That nach Verbreitung und Verbesserung für diese Operation zu ringen.

Neben Kieter (1848) verdient in der Geschichte der Gebärmutterausrottung besonders Reiche (1854)[1]) in Magdeburg Erwähnung, der siebenmal die Totalexstirpation ausführte. Wenn es ihm auch nicht gelang, eine seiner Operirten länger als einige Wochen post operationem am Leben zu erhalten, so forderte er doch ganz energisch zu einer Wiederholung der Totalexstirpation unter Zuhülfenahme des derzeit eben in Anwendung gezogenen Chloroforms auf. Aber noch immer wollte die Operation nicht Leben gewinnen, und wieder sprachen noch 1874 Hegar und Kaltenbach[2]) das Verdammungsurtheil: „Die totale Exstirpation des Uterus ist in den letzten Jahren nicht mehr ausgeführt worden: nicht allein, weil man die früheren Operationsmethoden als viel zu gefährlich verlassen hat, sondern weil die Fälle, welche eine so eingreifende Operation mit nur einiger Aussicht auf Erfolg indiciren könnten, ausserordentlich selten sind."

---

[1]) F. Reiche, Exstirpatio uteri. Deutsche Klinik. Bd. 6. S. 484. 1854.
[2]) Hegar und Kaltenbach, Operative Gynäkologie. 3. Aufl. S. 217. 1886.

Nunmehr beginnt die neue Zeit in der Geschichte der Uterusexstirpation; die Namen Wilhelm Alexander Freund und Czerny geben ihr die Signatur.

Unter den Bedenken der Chirurgen war das stärkste die Auffassung von dem Krebs als einer Dyskrasie, welche die Ausschneidung der Geschwulst als ein nutzloses Beginnen erscheinen liess. Durch Virchow's Forschung war dieser Lehre der Boden entzogen: der Krebs war als ein zunächst locales und darum zunächst auch durch locale Behandlung angreifbares, ja heilbares Leiden erkannt worden. Jetzt war die Zeit gekommen, in der die Pasteur-Lister'schen Wundbehandlungsprincipien auch zur Aufnahme bisher aussichtsloser Operationen ermunterten. So schienen von vornherein auch alle auf die Exstirpation der Gebärmutter gerichteten Bestrebungen gerechtfertigt, wenn es gelang, der rein technischen Schwierigkeiten Herr zu werden, und hier hat bekanntlich Freund für die Exstirpation von den Bauchdecken aus und Czerny für die vaginale Hysterectomie Grundlegendes geschaffen. Die von ihnen gegebenen Typen sind für die ganze Folgezeit Typen geblieben, haben also trotz einer grossen Reihe von Modificationen — von wesentlichen nenne ich Bardenheuer's Bauchhöhlendrainage, Doyen's geistvolle Modification hinsichtlich der Trennung des Genitalschlauches von Blase und Ureteren bei der abdominalen Totalexstirpation — Nichts von ihrer Eigenheit, Nichts von ihrer Wirksamkeit eingebüsst. Insbesondere sind in Freund's allererster Mittheilung über die Exstirpation des ganzen Uterus bereits die wesentlichen technischen Grundsätze aller weiteren abdominalen resp. abdomino-vaginalen Verfahren vollständig ausgearbeitet und festgelegt: Schaffung der Stiele aus den breiten Mutterbändern, Durchleitung derselben in die Scheide und damit Lagerung des ganzen Wundgebietes aus dem intraperitonealen Bereich in den Scheidenraum. Beachtenswerth ist überdies, dass Freund seine neue Methode praktisch unter den technisch ungünstigsten Bedingungen erprobt und erfolgreich beendet hat: abdominale Totalexstirpation eines krebsigen, jauchenden, fixirten, nicht vergrösserten Uterus.

Gleichen Schritt mit der schnellen Verbreitung namentlich des vaginalen Verfahrens hielt die Ausdehnung der Indication: nicht bloss bei carcinomatöser Entartung, sondern auch bei Myomen und bei essentiellen unstillbaren Blutungen ohne gröberen anatomischen Befund wurde die Totalexstirpation geübt.

Kapitel II.
Péan's Verbesserungen. Péan'sche Operation.

Eine technisch principiell wichtige Neuerung bei der Ausrottung der Gebärmutter von der Scheide aus bedeutet der von Péan[1]) unternommene Versuch, auf jegliche Naht zu verzichten und die Blutstillung mit temporär liegenbleibenden Klemmen zu bewirken. Bei Operationen an anderen Organen war diese Methode der Blutstillung von Péan schon wiederholt geübt worden (Leçons de clinique chirurgicale, Tome VII, 1876). Am Uterus bediente er sich ausschliesslich der Klemmen zuerst bei der Exstirpation eines krebsigen Uterus am 21. August 1885 und erhob ein Jahr später, 21. Juli 1886, nach mehreren Versuchen die Naht mit der Klemmbehandlung zu combiniren, diese Methode der Blutstillung für die Uterusexstirpation zum Princip[2]).

Mit vollem Recht wird auch Richelot's Name mit dieser Art am Uterus zu operiren in Verbindung gebracht. Der Antheil Richelot's an der Forcipressure bei der Uterusausschneidung ist, wie man anerkennen muss, am besten von ihm selbst durch seine Aeusserung auf dem französischen Chirurgencongress, am 19. October 1886, präcisirt. „Ich weiss", sagt Richelot, „dass ich mit der Application der liegenbleibenden Klemmen keine neue Erfindung gemacht habe und dass meine Prioritätsrechte sich auf Folgendes beschränken: systematische und ausschliessliche Anwendung der Klemmen und Verzicht auf jegliche Naht, nicht der Bequemlichkeit halber und in schwierigen Fällen, sondern in jedem Falle und als Verfahren der freien Wahl." (Emploi systématique des pinces à demeure et suppression de toute ligature, non pas à titre d'expédient et dans les cas difficiles, mais toujours et comme procédé d'élection.) In der That hat Péan nach dem 21. August 1885 bis zum 21. Juli 1886 noch gelegentlich bei der Uterusexstirpation die Ligatur wieder angewendet oder die Ligatur mit der Naht combinirt, Richelot nicht mehr seit dem 8. Juli 1886.

Man hat Spencer Wells (1882), und Jennings (1885)[3]) als diejenigen bezeichnet, von denen die Idee der Forcipressure bei der Uterusexstirpation ihren Ursprung nahm. Als Vater dieses bedeutsamen Vorschlages aber kommt, worauf wir hinweisen möchten, unzweifelhaft M. B. Freund in Betracht (Zeitschr. für Geburtsh. und Gynäkol. Bd. 6, 1881, S. 358 ff.), der theoretisch nach Leichenversuchen die Fortlassung der Naht und Unterbindung und die Anwendung temporär liegenbleibender

---

[1]) Bullet. de la Soc. de Chirurg. 11. Nov. 1885.
[2]) cf. hierfür und die folgenden Notizen: Gaz. des hôpit. 20. avril 1889.
[3]) S. Pozzi, Traité de Gynécolog. clinique et opérat. p. 401. 1890.

Klemmen empfahl. M. B. Freund brachten nämlich die grossen „Schwierigkeiten bei der Versorgung der Lata auf den Gedanken, dieselben in ihrer ganzen Continuität durch geeignete und liegenbleibende Compressorien zu sichern (l. c. S. 372). Dieselben sind den Péan'schen Pincen ähnliche scherenförmige Instrumente, deren Branchen, um das Entschlüpfen der gefassten Theile zu verhüten, einerseits mit Rinne, andererseits mit hineinpassender Leiste versehen sind."

„Diese Kompressorien werden von der Scheide aus jederseits eingeführt, eine Branche hinten, die andere vorn, in entsprechender Breite von der Uteruskante angelegt." Der Versuch, „die Instrumente tagelang in der Beckenhöhle zu belassen", erscheint Freund gestattet.

Es ist übrigens der Erwähnung werth, dass in dieser aus dem Jahre 1881 stammenden Arbeit M. B. Freund's eine Methode für die Abtragung speciell der krebsigen Gebärmutter angegeben wird, die in allerneuester Zeit — zum wer weiss wie vielten Male! — wieder erfunden ist: die Anwendung des glühenden Eisens. M. B. Freund benutzt dasselbe (S. 371) erstens zur „Lösung der Gewölbe", und sodann nach Anlegung der Compressorien zum „Durchtrennen der Lata medianwärts von den Compressorien" (S. 374).

In Frankreich gewann das Verfahren der Totalexstirpation unter Anwendung der Forcipressure rasch zahlreiche Anhänger, wie Bouilly, Quénu, Terrier, Segond, Michaux, Nélaton, Doyen etc. In anderen Ländern ist für dasselbe in der Schweiz zuerst Peter Mueller[1]) und in Deutschland Leopold Landau[2]) eingetreten.

Wir haben seit dieser Zeit ausser in unserer eigenen Schule in Deutschland kaum Mitkämpfer für das Verfahren gefunden, während von sehr zahlreichen Gegnern in sehr zahlreichen Arbeiten eine sehr spärliche Zahl theoretischer Einwände immer und immer wiederkehrt. War doch schon allein durch das Klemmverfahren eine Erweiterung der auf der ursprünglichen Czerny'schen Methode basirenden Indicationen für die vaginale Operation gegeben, sofern man damit auch den nicht beweglichen Uterus, der bereits durch entzündliche oder carcinomatöse Infiltration fixirt war, vaginal entfernen konnte, ohne erst zu eingreifenden Nebenoperationen schreiten zu müssen. Das ist gelegentlich des internationalen Congresses zu Berlin im Jahre 1890[3]) und in der Folgezeit öfter von uns, z. B. beim

---

[1]) P. Müller, Eine Modification der vaginalen Totalexstirpation des Uterus. Centralbl. f. Gynäk. 1882. No. 12.

[2]) L. Landau, Zur Behandlung des Gebärmutterkrebses. Berl. klin. Wochenschr. 1888. No. 10.
Derselbe, Zur Diagnose und Therapie des Gebärmutterkrebses. Volkmann's Samml. klin. Vortr. No. 338.

[3]) Verhandl. des X. internat. med. Congr. Bd. 3. Abth. 8. S. 51 ff. 1891.

Breslauer Congress der deutschen Gesellschaft für Gynäkologie[1]), hervorgehoben worden.

Die für die vaginale Exstirpation der Gebärmutter in der Grösse des Organs gegebenen Schwierigkeiten zu besiegen, lehrte das gleichfalls von Péan angegebene, von ihm schon seit mehr als 30 Jahren für die Exstirpation von grossen, tief in der Bauchhöhle gelegenen Geschwülsten angegebene Verfahren des Morcellements[2]).

Durch diese beiden von Péan herrührenden Verbesserungen: 1. die Anwendung der Klemmen, 2. die Anwendung der Zerstückelung, war der durch die Czerny'sche Nahtmethode umgrenzte Rahmen der Indicationsstellung völlig gesprengt, und es entwickelte sich eine Erweiterung der Anzeigen, die der technischen Vervollkommnung entsprach.

Wie man angefangen hatte, bei der krebsigen Gebärmutter die Ausschneidung des Organs zu unternehmen, sofern man es mit einer nicht vergrösserten beweglichen Gebärmutter und mit einer auf diese beschränkten Geschwulst zu thun hatte, so war man, wie bereits erwähnt, nach und nach dahin gekommen, unter ähnlichen Bedingungen bei Prolaps oder unstillbaren Blutungen (Endometritis) und kleinen Myomen in gleicher Weise zu operiren. Durch jene beiden Verbesserungen gelangten nun auch fixirte oder vergrösserte oder fixirte und vergrösserte Uteri, sei es bei Carcinom oder Myom, in den Operationsbereich, und siehe da! — jetzt ist es wiederum Péan, der an der Hand seiner technischen Verbesserungen der Uterusexstirpation ein neues Gebiet erschliesst, die Uterusexstirpation zu einem nicht direct, sondern auch indirect wirksamen Heilverfahren macht: Péan inaugurirt die Castratio uterina als Heilmittel für Adnexerkrankungen. Gerade über diesen Punkt sind gewisse Prioritätsstreitigkeiten entstanden — ich nenne hier gegenüber Péan die Namen Doyen und Leopold —, die indessen aus dem gerade von diesen beiden Autoren selbst für sich beigebrachten Material ihre endgültige Aufklärung finden dürften. Es wird sich aus den folgenden Daten mit Sicherheit ergeben, dass es eine Pflicht historischer Gerechtigkeit ist, festzustellen, dass Péan — und ihm allein — das Verdienst gebührt, „die Uterusexstirpation bei Fällen von Beckeneiterung als wirksames Mittel entdeckt zu haben" und dass die Uterusexstirpation aus dieser Indication mit Recht den Namen „Opération de Péan" trägt.

---

[1]) Verhandl. des V. Congr. d. deutsch. Gesellsch. f. Gynäk. Bd. 5. S. 124 ff. 1893.
[2]) Verhandl. des X. internat. med. Congr. Bd. 3. Abth. 8. S. 55 ff. 1891.

Kapitel III.
Die Prioritätsansprüche Doyen's und Leopold's.

Am 16. Februar 1886 und am 8. November 1887 hatte Péan bei zwei Frauen, denen von den Bauchdecken aus die Adnexe vor Jahren entfernt waren (25. März 1882 bezgl. 14. April 1885 und 10. August 1886) — cf. Doyen[1]) S. 22 u. 23 —, den zurückgebliebenen Uterus exstirpirt. Im ersten Falle schildert Péan den Befund: l'utérus était resté douloureux enflammé et se trouvait retenu en rétroversion par des adhérences pelviennes (Doyen S. 23). Die klinischen Erscheinungen beider Fälle waren: névralgies intolérables, crises de grande hystérie, manie de suicide (Doyen S. 112).

Ganz anders war die Art der Erkrankung und Indication bei einer am **12. December 1887** von Péan vaginal Operirten. Es war (vergl. Doyen S. 23): un cas d'endométrite compliquée de salpingite, de pelvi-péritonite, et de kystes suppurés des deux ovaires. Uterus (l. c.) gross, entzündet, schmerzhaft, eingekeilt durch Geschwülste von festweicher Consistenz, die von den behandelnden Aerzten für Tubensäcke gehalten wurden, und für die dieselben den Bauchschnitt vorgeschlagen hatten. Péan diagnosticirte ausser der Endometritis und gleichzeitiger doppelseitiger Salpingitis eine bis zum Nabel reichende vereiterte Ovarialcyste und machte die vaginale „Ovariohysterectomie". Nach Abtragung des Uterus sah P. beide Ovarien cystisch verändert, in Adhäsionen mit den Nachbarorganen eingebettet. Er punctirte sie, schälte sie mit dem Finger aus und exstirpirte sie mitsammt den Tuben. Das linke Ovarium enthielt 2, das rechte 5 „verres de pus". Uterus mitsammt beiden Anhängen wurde also von P. an diesem Tage vaginal entfernt.

Am 20. December 1887 hysterectomirte Péan in einem Fall von doppelseitiger eitriger Salpingitis mit einem vereiterten ins Rectum durchgebrochenen multiloculären linksseitigen Ovarialkystom und adhäsiver Pelviperitonitis. Die in Verwachsungen eingebackenen Tuben und das rechte Ovarium liess P. zurück, die Wand des vereiterten Ovarialkystoms wurde nach Möglichkeit resecirt, der Rest in die Scheidenwunde eingenäht (Doyen S. 23 und 24). Hier handelte es sich im Wesentlichen um eine Castratio uterina.

Am 6. März 1888, am 2. Juni und am 30. August 1888 (Doyen S. 105) folgen weitere Hysterectomien bei periuteriner resp. Beckeneiterung (Suppuration périutérine resp. Pelvipéritonitis suppurée). Soweit geben die

---
[1]) E. Doyen, Traitement chirurgical des affections inflammatoires et néoplasiques de l'utérus et de ses annexes. Paris 1893.

hierhergehörigen Operationen Péan's die Basis ab für die unter Péan's Leitung (1889) herausgegebene Arbeit Secheyron's[1]). Man findet hier folgende ganz formelle Operationsanzeige (Doyen S. 104): Wiederholentlich hat Péan bei Frauen, die an ununterbrochenen, unerträglichen Schmerzen litten, den Uterus entfernt und die Adnexe zurückgelassen. Péan glaubt, dass nach der Castratio uterina die Adnexe zur Atrophie gelangen. Die Castratio uterina erscheint empfehlenswerther als die Castratio ovarica. Am besten ist es, vollständig radical zu sein, d. h. den Uterus mitsammt den Adnexen zu exstirpiren (La castration utérine parait donc plus recommandable que la castration ovarienne. Le mieux serait d'être plus radical encore et d'enlever l'utérus avec ses annexes)[2]). Und an anderer Stelle: Die periuterinen Eiterungen, die zu langem Siechthum und chronisch-septischen Zuständen führen, können eine radicale Operation wie die vaginale Hysterectomie nothwendig machen. Péan empfiehlt also hier durch Secheyron[3]) im Jahre 1889 für schwere Beckeneiterungen die vaginale Radicaloperation, zum mindesten die Castratio uterina als bestes Mittel, indem er nach der Eliminirung des Uterus einen Schwund der etwa zurückgebliebenen Adnexe voraussetzt.

Diese Idee, die Péan in einer weiteren Reihe von Fällen practisch erprobte, findet sich in dem für diese Frage allzeit classischen Programm: Traitement des suppurations d'origine utérine ayant pour siège l'utérus et ses annexes (trompes, ovaires, ligaments larges, péritoine (Bulletin de l'académie de médecine. Séance du 8 juillet 1890, p. 9 ff.) und demnächst in der Debatte gelegentlich der Discussion über Exstirpatio uteri vaginalis (Verhandlungen des X. internat. medicin. Congresses, 4. bis 9. August 1890, Bd. 3, Abth. 8, p. 55 ff.) Hier findet sich die von Péan angewendete Technik näher entwickelt, und hier werden seine Ideen von der Bedeutung der Uterusausschneidung klargelegt. Nach einer Abschätzung des Werthes und der Folgen des chirurgischen Vorgehens von den Bauchdecken und der Scheide aus bei Beckeneiterungen sagt Péan an erstgenannter Stelle (S. 18 und 19) von der Hysterectomia vaginalis Folgendes:

Sie ist am Platze bei allen schweren Eiterungen, des Uterus und seiner Adnexe. Scheiden-, Blasen- oder Mastdarmfisteln contraindiciren sie nicht, ebensowenig die Ausdehnung und Grösse der eitrigen Ansammlung, selbst wenn diese den Nabel erreicht. Nach Entfernung des Uterus muss der angesammelte Eiter durch eine breite und abschüssige natürliche Bahn abfliessen, wodurch eine Infection des eröffneten Bauchfellsackes unmöglich

---

[1]) L. Secheyron, Traité d'Hystérotomie et d'Hystérectomie par la voie vaginale. Paris 1889.
[2]) l. c. S. 600 u. 601.
[3]) l. c. S. 801.

wird. (Le pus s'écoule au dehors par une voie large, déclive, naturelle; par suite, il n'a aucune tendance à infecter le reste du péritoine).

Hier, in der durch die Uterusexstirpation geschaffenen Drainage, liegt also das chirurgische Princip der Operation!

Dabei soll diese an der Hand des Einzelfalles mehr oder weniger ausgedehnt werden, d. h. der Chirurg wird sich bald zur Hysterectomia vaginalis allein, bald zur Hystero-salpingectomia, bald zur Hystero-salpingo-oophorectomia entschliessen (l. c. S. 20). Auch auf dem Berliner Congress empfiehlt Péan, wenn möglich, die vaginale Operation vollständig zu gestalten (l. c. S. 56 u. und 57 o.). Der springende Punkt bleibt (l. c. S. 20) aber für Péan die Gebärmutterentfernung: denn das Wichtige ist eben die so geschaffene Drainage. (La salpingectomie n'est pas indispensable. En effet, après la section des ligaments larges, les trompes sont assez largement ouvertes pour que le pus puisse s'écouler facilement au dehors par la brèche vaginale.)

Die ganze Tragweite dieser hervorragenden Entdeckung bis in ihre letzten Consequenzen wurde von Niemandem treffender gewürdigt, als von dem nächsten Autor in dieser Frage, Paul Segond. Man geht nicht zu weit, wenn man nach seinen operativen Leistungen und litterarischen Arbeiten seinen Namen mit dem des Erfinders der Operation eng verknüpft. Er ist der Apostel der neuen Lehre. Segond machte am 9. August 1890 wegen doppelseitiger Pyosalpinx die vaginale Hysterectomie mit vollkommener Entfernung der Adnexe[1]). Dieser Fall von totaler Castration bildet den Ausgangspunkt seiner Mittheilungen am 25. Februar 1891 in der Société de Chirurgie (23 Fälle) und am 1. April 1891 auf dem 5. Congrès français de Chirurgie (30 Fälle). An diesem Tage erklärt Segond[2]), dass sein Urtheil über die Bedeutung der vaginalen Hysterectomie für die Behandlungen der Adnexerkrankungen fertig sei. Er ist überzeugt, dass die Dauererfolge der vaginalen Exstirpation mit vorhergehender Abtragung des Uterus bessere sein müssen als die blosse Abtragung der Anhänge auf abdominalem Wege. — Gelingt die Entfernung der Adnexe nicht leicht oder nur unvollständig, so verschlägt das nicht viel. Denn ist erst der Uterus heraus, so sind damit die periuterinen Eiterabkapselungen eröffnet, die Drainage ist eine ideale, die pathologischen Producte haben freien Abfluss. Mit der Ausschaltung der Gebärmutter aber fehlt auch die Quelle für weitere Infection der Anhänge, vielmehr erfolgt hier bald der anatomische und physiologische Tod der etwa zurückgelassenen kranken Theile.

---

[1]) P. Segond, De l'Hystérectomie vaginale dans le traitement des suppurations péri-utérines. Paris 1891. Extrait. p. 8.
[2]) Derselbe, Congr. franc. de chirurg. (5e session). Paris 1891. Extrait. p. 10.

Hier, in der Congresssitzung vom 1. April 1891 tritt zum ersten Male Doyen auf und berichtet u. A. über 20 Fälle vaginaler Hysterectomie bei Adnexerkrankungen. Den ersten dieser Fälle verlegt Doyen ohne nähere Datumsangabe und ohne hier auf die Prioritätsfrage auch nur mit einer Silbe einzugehen auf das Jahr 1887. Nach seinen eigenen Angaben (Congr. fr. de chir. 5e sess. Paris. 1891. p. 237) nahm er nicht bei allen Kranken mit dem Uterus beide Adnexe heraus. Mitunter waren die Adhäsionen so schwer zugänglich und fest, dass die Exstirpation der veränderten Anhänge nur mit erheblicher Verschlechterung der Prognose erkauft werden konnte (Les operées ne subirent pas toutes l' ablation bilatérale des annexes . . . . . Les adhérences des annexes très haut situées, se sont montrées parfois si résistantes, que leur exstirpation n'eût pas été possible, sans aggravation notable du pronostic).

Nach dem zusammenfassenden Referat Segond's[1] auf dem Brüsseler Congress (15. September 1892) über die Beckeneiterungen und speciell über die „Opération de Péan" berichtete Doyen[2] über 77 eigene Fälle dieser Kategorie, von denen der erste wegen Adnexeiterung und Pelviperitonitis am 3. December 1887, also vor Péan's erstem Falle, operirt ist. D. nimmt dort weiterhin für sich eine von der Péan's vollkommen verschiedene Technik in Anspruch. Schüchtern tritt hier in D.'s Vortrage — eigentlich mehr zwischen den Zeilen — die Forderung der Castratio vaginalis totalis im Gegensatz zu Péan's blosser Castratio uterina auf.

Stärkere Register zieht Doyen in seiner nach dem Brüsseler Congress erschienenen, oben (S. 9) citirten Arbeit auf, indem er die drei genannten Eigenrechte in ausführlicher Begründung in Anspruch nimmt[3].

Bezüglich der Eigenheit von Doyen's Technik können für einen gerechten Beurtheiler Zweifel nicht obwalten. Hinsichtlich der beiden anderen Punkte aber lässt sich folgendes feststellen:

1. ad Priorität: Doyen hat seine erste hierher gehörige Operation am 3. December 1887 ausgeführt. Das erwähnt D. zum ersten Male am 15. September 1892, zum ersten Mal giebt er hier eine ausführliche Schilderung des Falles. (Verhandl. S. 204. In seinem Buch S. 47.) Hystérectomie vaginale pour lésions suppurées des annexes et pelvipéritonite. 45jähr. Frau. Acute Pelviperitonitis. Temp. 40°. Die Symptome werden bedrohlicher, so dass sofortiges Einschreiten geboten ist. Bei der combinirten Untersuchung findet man den Leib ballonirt. Uterus gross, schmerzhaft, jederseits neben

---

[1] Congrès périodique international de Gyn. et d'Obst. Bruxelles 1894. p. 37—66.
[2] eod. loc. p. 203 ff.
[3] Ein bezüglicher Theil dieses Buches, offenbar nach dem Brüsseler Congress geschrieben, ist in die Verhandlungen des Congresses gleichwohl aufgenommen (vgl. z. B. Verhandl. S. 444 und l. c. S. 103). Ein anderer Theil des Buches ist wieder aus den Verhandl. übernommen.

ihm sehr empfindliche kleine Adnextumoren. Die Laparotomie erscheint contraindicirt wegen des schlechten Allgemeinbefindens und der Erkrankung des Uterus selbst. Darum wird Castratio totalis per vaginam ausgeführt. Verfahren nach Doyen. Ausschneidung des Uterus und der Adnexe. Befund: doppelseitige Ovarialabscesse nach (gonorrhoischer?) Endometritis, complicirt durch Metritis und Pelviperitonitis.

D. hat, wie er selbst hervorhebt, eben diesen Fall vor 1892 bereits in der Literatur erscheinen lassen. Um welche Notiz handelt es sich?

In Secheyron's oben erwähnter Schrift, die im Jahre 1889 die Grundprincipien der Péan'schen Operation festlegt, findet man in einer Fussnote zu S. 601 Nichts als Folgendes:

Notre excellent ami, Doyen de Reims, nous communique l'observation suivante. Un cas d'hystérectomie vaginale pour métrite chronique; guérison. Les deux ovaires, gros comme une mandarine, et purulents, furent enlevés au cours de l'opération.

Das heisst also: bei einer Uterusexstirpation wegen Metritis werden im Verlauf derselben die vereiterten Eierstöcke mitentfernt. Näheres über die operativen und zeitlichen Daten fehlt vollkommen. Diese Notiz erfährt von Doyen zunächst keine Berichtigung, keinen Commentar; selbst nicht in seiner Mittheilung zum Thema der operativen Behandlung der Beckeneiterungen auf dem 5. Chirurgencongress 1. April 1891 (s. o.).

Auf der anderen Seite enthält seine 1893 gegebene Schilderung mit der an Secheyron von ihm selbst gelieferten Notiz insofern gewisse Widersprüche, als die Indicationsstellung eine wesentlich verschiedene ist. Bei Secheyron ist es in der von D. selbst gegebenen Note die chronische Metritis, welche die Anzeige zur Hysterectomie bildet, in der 5 Jahre post operationem erfolgten Mittheilung von 1892 indiciren „des lésions suppurées des annexes et pelvipéritonite" die Operation.

Noch greller wird der Gegensatz durch D.'s Bemerkung in seinem Buch (S. 105, Abs. 8): Nous avons pris soin de signaler notamment notre première ablation de l'utérus et des annexes comme ayant été faite de propos délibéré et pour lésions suppurées.

Mit Recht hebt auch Baudron[1]) in seinem Werk diesen Widerspruch hervor, für den die erste Operation Doyen's den Charakter einer gelegentlichen Improvisation trägt (Une opération d'une manière toute fortuite).

Des Weiteren kommen für die Entscheidung der Prioritätsfrage folgende Momente in Betracht: einmal, dass Doyen überhaupt erst nach 5 Jahren auf eine Priorität Anspruch erhebt, die bisher von ihm durch Nichts weiter gestützt war als eine in jeder Hinsicht epigrammatische Angabe. Sodann, dass

---

[1]) Émile Baudron, De l'hystérectomie vaginale appl. au trait. chirurg. des Lés. bilatéral. des Annex. de l'Utérus (Opérat. de Péan). Paris 1894. p. 8.

D. noch im Jahre 1889 in die Hände Secheyron's nur die spärliche und nicht zutreffende Notiz über einen Fall niederlegte, den er bereits vor mehr als Jahresfrist nach einer von ihm gefundenen Idee operirt und geheilt hatte.

Im Gegensatz dazu kann Secheyron zu dieser Zeit bereits über 8 von Péan operirte einschlägige Fälle genauer berichten (l. c. S. 784—787).

Dass Doyen bereits damals (1889) über weitere Fälle als den genannten verfügte, dürfte für die historische, rein objective Betrachtung überhaupt kaum festzustellen sein. Denn eine Einzelbeschreibung von D.'s Fällen steht bis heute aus. Demgegenüber hat eben Péan, wie actenmässig ersichtlich ist, am 12. December 1887 seinen ersten Fall von Beckeneiterung durch Exstirpation des Uterus und der Adnexe geheilt, hat diese Operation bis zum 30. August 1888 9mal ausgeführt, das Princip durch Secheyron 1889 festlegen lassen und im Jahre 1890 im Juli bei seiner Mittheilung an die Academie Princip und Indicationen auf das Ausführlichste und Eindeutigste entwickelt. Erst die Verhandlungen des V. Congr. fr. de chir. (1. April 1891) zeigen, dass Doyen, der hier zum ersten Male mit einer eigenen Mittheilung persönlich hervortritt, die Gebärmutterausschneidung in gleichem Sinne wie Péan übt und auffasst, nachdem D. bereits einen weiteren litterarischen Vorläufer in Segond gefunden. Denn dieser berichtet bereits (s. o.) am 25. Februar 1891 an der Hand von 23 Fällen über Sinn und Werth der Péan'schen Operation.

Doyen verlegt übrigens die erste Operation Péan's wegen Beckeneiterung nicht auf den 12. December 1887, sondern auf den 6. März 1888: Péan habe vor dem 6. März nicht wegen primärer, sondern wegen secundärer Beckeneiterung operirt (l. c. S. 24). Eine solche Unterscheidung trägt nicht einmal den wissenschaftlichen, geschweige denn den practischen, für die Entscheidung der Prioritätsfrage nöthigen Erwägungen Rechnung. Man braucht um so weniger auf diese Datirung Gewicht zu legen, als für uns wesentlich das Jahr 1889 als der Anfang der durch Péan inaugurirten Aera in Betracht kommt. Hier begegnen wir zuerst der Veröffentlichung des aus einer Reihe von Fällen abgeleiteten principiellen Gesetzes von der Heilkraft der Uterusexstirpation bei Beckeneiterungen, hier wird ein neues wirksames Verfahren der grossen Allgemeinheit der Fachgenossen in die Hand gegeben, und damit hat Péan sich bereits 1889 und erst recht durch seine Mittheilung an die Academie 1890 das Recht auf die Vaterschaft der Methode gesichert.

2. ad „Castratio vaginalis totalis."

Doyen reclamirt für sich gegenüber Péan und Segond das Recht, dass er nicht allein als Erster, sondern auch als Einziger die totale vaginalis Ausrottung (Castration totale) übe und empfehle, während von jenen die Adnexe nur gelegentlich entfernt würden und darum ihre Operationen als unvollständige zu bezeichnen seien: Nous avons vu que tous deux ne font l'ablation des annexes qu'accessoirement et quand, après l'ablation de l'utérus, elles se présentent à la vulve (l. c. S. 105).

Nous avons donné avant Péan les indications de la castration totale par le vagin, ce dernier n'enlevant qu'accessoirement les trompes et les ovaires (S. 106)

L'opération de Péan (castration utérine) n'est toutefois qu'une intervention partielle et incomplète. — La castration tubo-ovarienne de Battey, Hegar et Lawson-Tait et la castration utérine de Péan sont des opérations incomplètes. Elles doivent donc être rejetées au même titre. La seule opération vraiment logique dans les cas d'inflammations pelviennes étendues . . . est la castration totale etc. (S. 113).

Demgegenüber ist zunächst festzustellen, dass Doyen auf dem französischen Chirurgencongress am 1. April 1891 selbst hervorhebt: „Nicht bei allen Kranken wurden beide Adnexe weggenommen. Mitunter sind die Adhäsionen so schwer zugänglich und fest, dass die Exstirpation der veränderten Anhänge nur mit erheblicher Verschlechterung der Prognose erfolgen kann." Ferner berichtet Doyen selbst auf dem Brüsseler Congress (Vhdlg. S. 204), dass er unter 77 Fällen viermal nicht in der Lage war, den Uterus ganz zu entfernen (il a été impossible d'enlever la totalité de l'utérus).

Auf der anderen Seite waren sowohl Péan's (3. Dec. 1887) wie Segond's (9. August 1890) allererste Fälle totale Castrationen, d. h. es wurden Uterus und die vereiterten Anhänge entfernt (Doyen's Buch S. 23 u. Segond's Communic. à la société de chirurgie. 25. Febr. 1891. S. 8).

Péan hatte ausserdem durch Secheyron seinen Standpunkt klar genug gekennzeichnet, indem er schon 1889 bei der Abhandlung der Uterusexstirpation zur Behandlung von Adnexerkrankungen hervorheben liess (s. o.): La castration utérine paraît donc plus recommandable que la castration ovarienne. Le mieux serait d'être plus radical encore et d'enlever l'utérus avec ses annexes.

In seiner eigenen Mittheilung an die Académie sagt Péan: Lorsque l'utérus a été enlevé, il est facile de se rendre compte de l'état des annexes, et d'exciser les trompes et les ovaires si on le juge nécessaire (Bulletin de l'académ. de médec. 8. Juli 1890. S. 15); und endlich in Berlin: Dans les cas où les ovaires et les trompes de Fallope sont suffisamment altérées, on en fait l'ablation (Vhdlg. S. 56 u. 57).

Und Segond erklärt (l. c. S. 28): Lorsque les ovaires et les trompes ne sont pas trop adhérentes et cèdent à la traction des pinces sous les yeux de l'opérateur, il ne faut pas hésiter à les enlever, und an anderer Stelle (1. April 1891, S. 10): Lorsque la nature des lésions permet l'ablation totale de l'utérus et des annexes, et le fait est fréquent, la perfection du résultat ne saurait être contestée. Keineswegs also ist die Operation in den Händen von Péan und Segond immer eine „opération particlle et incomplète".

Freilich will Segond die Auslösung der Anhänge nur insoweit vornehmen, als sie an sich ungefährlich ist (Vermeidung von „déchirure viscerale") und unter directer Controle des Gesichtssinnes vor sich geht (l. c. S. 28 und Baudron S. 388), und ähnlich spricht sich Péan aus (Bull. de l'académie S. 20). Es ist also die „Operation de Péan" — das ist zuzugeben — nicht immer eine Castratio vaginalis totalis, wenn auch stets eine Castratio uterina. Wenn Doyen in stricterer Weise als Péan und Segond für alle Fälle consequent auf die totale Entfernung drängt, so hat er damit unzweifelhaft eine Vervollkommnung der Methode als erster theoretisch empfohlen, die den Kranken nur Nutzen bringen kann. Practisch ist D., wie gezeigt, hinter seinen eigenen Forderungen zurückgeblieben.

Leopold hat eine scharfe Formulirung seiner Prioritätsansprüche bezüglich der Péan'schen Operation erst in allerneuester Zeit geltend gemacht (Geburtsh. u. gynäkol. Arbeiten aus der Frauenklinik zu Dresden. 1895. S. 286 ff.). L. beruft sich dabei auf frühere Arbeiten, denen wir im Einzelnen nachgehen müssen.

Bereits in früheren, mehr aphoristischen Bemerkungen (Verhandlgn. d. deutsch. Gesellsch. f. Gynäkol. Bd. V. 1893. S. 274 u. 275; Arch. f. Gynäkol. Bd. 46. S. 21. Anm. 2, Centralbl. f. Gynäkol. 1894. No. 16. S. 378, Verhandl. d. internat. Congresses in Rom) war Leopold mit der vielleicht etwas überraschenden Behauptung hervorgetreten, als ob L. womöglich noch vor Péan die Indication der Totalexstirpation des Uterus bei Beckeneiterungen zuerst aufgestellt habe. L. Landau hielt es demgegenüber für ausreichend, gleichfalls in bündiger Form das Entdeckerrecht Péan's auf Grund der historischen Daten zu wahren (Berl. klin. Wochenschr. 1894. No. 24. Anm.).

Die ausführliche Form der Antikritik Leopold's an der citirten Stelle nöthigt uns, seine Ansprüche im Einzelnen ausführlich zu prüfen.

Im Archiv für Gynäkologie, Bd. 30, 1887, finden sich unter der zusammenfassenden Ueberschrift: „Zwei Totalexstirpationen im Anschluss an Castration wegen schwerer Neurosen" die tabellarischen Krankengeschichten zweier Frauen. Auf den zweiten dieser Fälle bezieht Leopold seine Prioritätsrechte.

(Tabelle siehe S. 18 u. 19.)

Die ausführliche Schilderung (l. c. S. 439 ff.) derselben setzt ein mit den Worten:

„Es erübrigt noch, zweier Fälle zu gedenken, in denen ich die Totalexstirpation des Uterus wegen schwerster Neurosen vorgenommen habe."

Zur Klarstellung der Anzeige der Uterusexstirpation sagt dann L.: Die erste Patientin (s. Tabelle) litt nach gonorrhoischer Salpingitis und Oophoritis jahrelang an der heftigsten Dysmenorrhoe, kam nervös sehr herunter und bot das Bild vollster Hysterie dar. Nach Erschöpfung aller anderen Mittel abdominale Castration April 1884. 5 Monate lang Wohlbefinden, darnach wieder Schmerzen rechts tief im Becken, Blutung aus dem Uterus, schweres Erbrechen. Rechts vom Uterus ein bohnengrosser, ganz beweglicher, äusserst schmerzhafter Tumor wie eine kleine Drüse (Ligatur? Neurom?).

Gemüthsbewegungen, Störungen in Appetit und Verdauung etc. riefen sehr leicht das oft tagelang bestehende Erbrechen und dieses wiederum atypische Uterinblutungen hervor. Der bejammernswerthe Zustand, der allen gebräuchlichen Mitteln trotzt, legt der Kranken den Wunsch nahe, es möchte auf operativem Wege jener schmerzhafte Körper, von welchem alles Uebel auszugehen schien, entfernt werden. 9. Februar 1885 vaginale Exstirpation des Uterus mit beiderseitigen Ovarialligaturen.

Periodische Blutungen und Schmerzen hören ganz auf, aber Neigung zum Erbrechen nach Gemüthsbewegungen und geringsten Störungen im Nervensystem bleibt. 1886 Spitzenkatarrh, hohe Abmagerung.

Ein Seitenstück hierzu bietet die zweite Pat. (Frau Z.) dar, nur mit dem erfreulichen Unterschiede, dass sie, eine von hystero-epileptischen Anfällen schwer heimgesuchte und in ihrem Nervensystem ganz zerrüttete Frau, nach der Castration und Totalexstirpation jetzt das Bild blühendster Gesundheit ist.

Durch gonorrhoische Infection bei einer 29 jährigen Frau chronische Oophoritis und Perimetritis nach ihrer ersten Entbindung.

Uterus fest verlöthet retroflectirt, absolut unbeweglich, äusserst schmerzhaft, ebenso die beiden zu unentwirrbaren Knollen verlötheten Eierstöcke. Bei jeder Defäcation unerträgliche Schmerzen, dysmenorrhoische Beschwerden. Täglich bis zu 6 und 8 hystero-epileptische Anfälle.

11. November 1885 vergeblicher abdominaler Castrationsversuch. Man begnügt sich mit der Trennung der Verlöthungen zwischen Mastdarm und Gebärmutter, und es wurde der Plan gefasst, später von der Scheide aus die Ovarien zu entfernen. 13. Januar 1886 Exstirpation des Uterus und der Anhänge von der Scheide aus. Uterus normal gross. Endometritis interstitialis. Adnexe beiderseits fest verlöthete Packete von entzündeten Ovarien und Tuben; letztere verschlossen, entzündlich verdickt. Vollkommene Heilung.

Zwei Totalexstirpationen im Anschluss an

s. Leopold, Arch. f. Gynäkol.

Nummer	Name und Alter	Menstruation	Geburten und Aborte	Allgemeines Befinden	Beginn der Erkrankung	Jetzige Symptome
1.	Frau A., 31 J.	Vom 14. J., 4 wöchentlich, 4—5 tägig.	—	Sehr angegriffen: viel Erbrechen; allgemeine Körperschmerzen. Zart, schwächlich.	Seit der Verheirathung (21. Jahr) schmerzhafte Periode. Chronische Oophoritis durch gonorrhoische Infektion.	Jetzt bei und nach der Periode beständige Leib- und Kreuzschmerzen. Dazu Erbrechen, tagelang zur Zeit der Menses. Doppelseitige chronische Oophoritis mit Perisalpingitis. Hysterie. Castration: April 1884. Glatter Verlauf. Nach 5 Monaten die alten Schmerzen und Erbrechen.
2.	Frau Z., 29 J.	14 Jahre, 4 wöchentlich regelmässig, von Anfang an sehr schmerzhaft.	1 normale 1878	Sehr kräftig, gut genährt, mit reichlichem Fettpolster.	Von mütterlicher Seite mit Neuralgien belastet. Seit 1 Jahr heftige Unterleibsschmerzen, besonders unerträglich im Kreuz bei der Defäcation. Hysteroepileptische Anfälle zur Zeit und ausserhalb der Periode werden durch psychologische Einflüsse sofort hervorgerufen.	Morphiophagin. Kann nicht ordentlich gehen oder sitzen, ziehende Schmerzen überall. Periodenschmerzen immer mit wiederholten Anfällen, Benommenheit und theilweiser Bewusstlosigkeit verbunden.

Castration wegen schwerer Neurosen.

Bd. 30. S. 422 und 423.

Befund.	Operation.	Verlauf.	Späteres Befinden, Recidive.
Nach 5 monatlicher Menopause trat die Periode von Neuem auf; sofort auch das Erbrechen wieder, das Pat. sehr herunterbringt. Rechts vom Uterus, in der Gegend des abgebundenen rechten Ovariums, ein bohnengrosser, ganz beweglicher, aber äusserst schmerzhafter Tumor, wie eine kleine Drüse (Ligatur? Neurom?). Ovarialrest bestimmt nicht da, beide Ovarien ganz entfernt. Von hier aus hat Patientin fortwährend unerträgliche Schmerzen und durch den geringsten Anlass tagelanges Erbrechen. Kommt sehr herunter, wünscht nach Erschöpfung aller palliativen Mittel eine operative Behandlung.	9. Februar 1885. Herausschälung des Uterus leicht. An den Ovarialstümpfen kein Eierstocksgewebe zurückgeblieben. Uterusschleimhaut fast atrophisch. Der schmerzhafte Knoten rechts erweist sich als bindegewebige Verdickung im Ligamentum latum. Wird mit abgebunden. Jodoformgazetampon.	Leicht fieberhaft. Steht nach 14 Tagen auf. Die Schmerzen im Leibe und Kreuz schwinden. Entl. nach 5 Wochen.	Periodische Blutungen oder Schmerzen hören ganz auf. Durch die geringste Erregung tritt tagelanges Erbrechen wieder auf, das nur durch Narcot. gebessert wird. Anfang. Jan. 1887 Spitzenkatarrh. Hohe Abmagerung.
Ovarialneuralgien in Folge von Compression der chronisch entzündeten und verwachsenen Ovarien durch den retroflekt., am Fundus verlötheten Uterus. Jedenfalls gonorrhoische Oophoritis u. Salpingitis. Die am 11. November 1885 beabsichtigte Castration scheitert an den festesten Verlöthungen der Ovarien, so dass sie nur in kleinen Stücken hätten entfernt werden können. Es beendete bei Lösung der Adhäsionen mit Uterus u. Rectum. Reactionsloser Verlauf, der nur durch neuralgische Beschwerden gestört war. Nach 2 Monaten die gleichen Beschwerden.	13. Januar 1886. Der Plan war, die Ovarien von der Scheide aus zu entfernen und den Uterus mit, um jeden Anlass zu erneuten reflektorischen Beschwerden, wie durch Blutungen, durch Verlöthungen mit Rectum oder Beckenwand, durch Zerrungen u. s. w. zu vermeiden. Operation sehr schwierig in der Entfernung der Ovarien. Ausschälung des Uterus leicht.	Ganz fieberlos. Entlassung nach 10 Wochen, blieb aus äusseren Gründen lange da zur Erholung. Machte im Herbst eine Kur durch zur Entziehung des Morphium.	Februar 1887: Ganz frei von hysteroepilept. Anfällen oder neuralgischen Beschwerden. Das Bild blühendster Gesundheit.

„Dass auch in diesem zweiten Falle ausser den Eierstöcken noch der Uterus entfernt wurde, erfolgte auf Grund der Erfahrungen im ersten Falle, in welchem die späteren atypischen Genitalblutungen stets der Anlass zu hystero-epileptischen Anfällen waren. (Hystero-epileptische Anfälle sind in der tabellarischen Aufführung und Epikrise des ersten Falles nirgends erwähnt. Anm. d. Refer.). Auch musste bedacht werden, dass die Entfernung der Ovarien allein stets die Gebärmutter in der fixirten Retroflexionsstellung belassen und damit die alten unerträglichen Defäcationsbeschwerden nicht gebessert hätte.

Nach Alledem war die Entfernung der inneren Genitalien das Richtigste und wurde durch den Erfolg vollkommen bestätigt.

Es bedarf wohl kaum der weiteren Darlegung, dass nur solche Fälle von chronischer Entzündung der Ovarien und des Uterus die Mitentfernung oder nachträgliche Entfernung des letzteren rechtfertigen, bei welchen von dem ferneren Verbleiben desselben fortgesetzte und ernste Störungen des Allgemeinbefindens zu erwarten sind."

In seiner neuesten Arbeit (l. c.) veröffentlicht Leopold weiter tabellarisch die 6 schon von Münchmeyer (Arch. für Gynäkol. Bd. 36. S. 424 ff.) beschriebenen Fälle: Totalexstirpationen wegen Erkrankungen der Gebärmutteranhänge, operirt vom 30. August 1888 bis 9. April 1889. 4 Mal handelt es sich hier um chronische (nicht eitrige Ref.) Entzündungen der Eierstöcke und Eileiter, 1 Mal um Rundzellensarcom der Eierstöcke, 1 Mal um starke menstruelle mit heftigen Schmerzen verbundene Blutungen. Endlich fügt L. selbst noch weitere 29 Fälle von vaginaler Exstirpation des Uterus und der Adnexe hinzu, operirt vom 11. October 1889 bis 27. Aug. 1894 „wegen schwerer chronischer Erkrankungen derselben".

Bei der Erörterung und Begründung der Priorität Leopold's bezüglich der Péan'schen Operation kommt nach Leopold's Ausführungen (l. c. S. 286—293) sein oben citirter Fall vom 13. Januar 1886 in Betracht, in dem L. vaginal die gesammten erkrankten inneren Genitalien herausnimmt, während Péan erst am 12. December 1887 die eitrig entzündeten Anhänge gleichzeitig mit dem Uterus vaginal entfernte.

Es wird zu untersuchen sein, ob in dem citirten Falle Leopold's oder der von L. 1886 (l. c.) gegebenen Epikrise desselben Sinn und Bedeutung des 1889 durch Secheyron zuerst veröffentlichten Péan'schen Verfahrens gegeben sind.

Welches ist der Sinn der Péan'schen Operation?

Péan schlägt vor, bei Beckeneiterungen die Castratio uterina, d. h. die Hysterectomia vaginalis, auszuführen, wobei Beckenabscesse etc. geöffnet würden und ausheilen könnten. Nach Entfernung des Uterus vollkommenste Drainage der Eitertaschen, freiester Abfluss aller pathologischen infectiösen Producte — das ist der springende Punkt, das chirurgische

Princip der Operation, das von den Adepten der Lehre auch schon in ihren ersten Publicationen immer wieder hervorgehoben wird. In zweiter Linie steht das mehr physiologische Princip: Atrophie der etwa zurück gebliebenen Adnexe nach Uterusexstirpation; in dritter das prophylactische: mit der Ausschaltung der Gebärmutter ist der Herd, von dem die Entzündung ihren Ursprung nahm und in jedem Augenblick wieder aufflackern kann, entfernt. Als weitere nicht nur ästhetische, sondern auch practisch bedeutsame Momente, die für das vaginale Vorgehen sprechen, führte Péan schon in der Mittheilung an die Academie (l. c.) an: das Fehlen einer sichtbaren Narbe, der Fortfall von Binden, die Unmöglichkeit der Entstehung von Hernien.

Bei all' diesen Erwägungen ist die Péan'sche Operation in gewissen Fällen eine Castratio totalis, immer und in jedem Falle aber eine Castratio uterina.

Und welches ist der Sinn der Leopold'schen Operation?

Leopold sucht eine von hystero-epileptischen Anfällen geplagte und in ihrem Nervensystem ganz zerrüttete, früher gonorrhoisch inficirte Morphiophagin, die Unterleibsschmerzen, namentlich bei der Defäcation, und Dysmenorrhoe hat, durch die Castratio abdominalis (11. Nov. 1885) von ihren örtlichen Leiden zu heilen. L. kann die zu unentwirrbaren Knollen durch gonorrhoische Salpingitis und Oophoritis verlötheten Eierstöcke auf abdominalem Wege nicht entfernen und begnügt sich, den retroflectirten festangelötheten Uterus vom Mastdarm zu trennen. Darum wurde der Plan ins Auge gefasst, später von der Scheide aus die Ovarien zu entfernen. Die Operation wird zu einer totalen Ausschneidung der inneren Genitalien, 13. Jan. 1886, und zwar wird der Uterus entfernt:

1. wegen der in einem früheren Fall gemachten Erfahrungen (s. o. Tabelle, Fall 1.), in welchem „die späteren atypischen Genitalblutungen stets der Anlass zu hystero-epileptischen Anfällen waren";
2. „auch musste bedacht werden, dass die Entfernung der Ovarien allein stets die Gebärmutter in der fixirten Retroflexionsstellung belassen und damit die alten unerträglichen Defäcationsbeschwerden nicht gebessert hätte".

Hier also ist der Uterus — mit Recht — bei doppelseitiger entzündlicher gonorrhoischer Erkrankung nach vergeblicher abdominaler und darum vaginal unternommener Oophorectomie mitentfernt, weil er an und für sich erkrankt war und an und für sich directe (Blutungen, Schmerzen) und indirecte (reflectorische) Beschwerden gemacht hätte.

Péan und Segond aber entfernen den Uterus in Fällen von doppelseitiger Adnexerkrankung, gleichgültig in welcher Lage und Verfassung der Uterus sich befindet, unbeschadet seiner eigenen Bedeutung im Symptomencomplex, in erster Linie zur Heilung von Adnexerkrankungen, also **wegen** Adnexerkrankungen.

Dass dieses Princip, nämlich die Behandlung der Adnexerkrankungen auf indirectem Wege, durch die Uterusexstirpation, durch die Leopold'sche Operation nicht im geringsten berührt wird, geht daraus hervor, dass er die Entfernung des Organs in seinem Falle besonders entschuldigt: „Es bedarf wohl kaum der weiteren Darlegung, dass nur solche Fälle von chronischer Entzündung der Ovarien und des Uterus die Mitentfernung oder nachträgliche Entfernung des letzteren rechtfertigen, bei welchen von dem ferneren Verbleiben desselben fortgesetzte und ernste Störungen des Allgemeinbefindens zu erwarten sind (Leopold, l. c. S. 443).

Die Uterusexstirpation ist also für Leopold ein unter gewissen Bedingungen zulässiges Accidens der Exstirpation der erkrankten Anhänge, für Péan die unbedingte Hauptoperation, die, wenn möglich, durch die Exstirpation der erkrankten Adnexe zu vervollständigen ist. Hat also Leopold mit dieser seiner Operation das einen so wesentlichen Fortschritt bedeutende Péan'sche Princip der Castratio uterina zur Behandlung der Adnexerkrankungen verstanden oder gar es erfunden und begründet?

Niemand wird Leopold bestreiten, dass die von ihm am 13. Januar 1886 ausgeführte vaginale Totalexstirpation der kranken (gonorrhoisch entzündeten) Beckenorgane eine „vollkommen überlegte und zielbewusste" war. Dass er aber die Principien der Péan'schen Operation damit nicht traf, geht aus der Epikrise dieses Falles von 1886 klar hervor, wie eben des Näheren auseinander gesetzt.

Darum ist auch nicht auffällig, dass Leopold selbst erst nach $2^3/_4$ Jahren wiederum in einem Falle (30. August 1888) (s. Mönchmeyer l. c. S. 458) (einseitige Castration vorhergegangen, Blutung und Schmerzen blieben) die Indication für die vaginale Exstirpation des Uterus und der vaginalen Anhänge gegeben sah. Kein Wort, keine Silbe in dieser ganzen Zeit von Ausbildung und methodischer Anwendung eines durch jenen Fall gewonnenen Princips, der „mit seiner Heilung die Anzeige zur Inangriffnahme gleicher oder ähnlicher Erkrankungen für künftige Fälle begründete". Kein Wort von einem Anklang an die Péan'schen Grundsätze in der 1888 von Mönchmeyer zu Leopold's 6 weiteren Fällen von Totalexstirpationen gegebenen Epikrise (l. c. S. 438 u. 439).

Weitere gelegentliche Aeusserungen Leopold's — vielleicht schon eher im Péan'schen Sinne — finden sich in den Verhandl. d. deutsch. Gesellsch. f. Gynäkol., S. 274 u. 275, 1893, und in den Verhandl. d. gynäkol. Sect. auf dem internat. Congr. in Rom, 1894 (Centralbl. f. Gynäkol., No. 16, S. 518, 1894), liegen also geraume Zeit hinter den ersten Péan'schen Publicationen (1889—1890).

Konnte Leopold aber überhaupt den durch Péan's ausgezeichnete Entdeckung geschaffenen grossen operativen Fortschritt treffen, also auch vor Péan die Totalexstirpation des Uterus zur Behandlung der Beckeneiterungen an der Hand seiner Fälle und seiner darangefügten Erklärungen erfinden? Nein. Das geht zum wenigsten „aus der Ueberschrift und dem Datum" der Fälle hervor, sondern allein schon aus ihrer anatomischen Grundlage.

Bei nicht eitrigen Fällen kann man eben den Werth der Uterusexstirpation für die Drainage, das Grundaxiom der Péan'schen Operation, nicht finden und niemals zu der Erkenntniss kommen, dass es „für die Kranken viel besser ist, wenn man den Uterus exstirpirt und die kranken Appendices an Ort und Stelle belässt, als umgekehrt, wenn man die Appendices entfernt und den Uterus schont".[1]

Dann aber fehlten für Leopold zwei für die Entscheidung der Péanschen Operation durchaus wesentliche Momente: die Zerstückelung des Uterus und die Anwendung der Klemmen.

Man kann gewiss theoretisch den Gedanken vertreten, dass es „nebensächlich ist (Leopold, l. c. S. 264), ob die Adnexe kleine oder grössere Entzündungspackete darstellen, ob in den Tuben wenig oder viel Eiter ist; oder ob neben den erkrankten Adnexen sich Eiter vorfindet bez. im Durchbruch nach anderen Organen begriffen ist", sofern ätiologisch natürlich für alle diese Zustände ein einheitliches Moment gegeben sein kann.

Aber die Praxis — das haben die Erfahrungen bei der Laparotomie gezeigt — lehrt uns eine weniger gleichmässige und bequeme Eintheilung. Denn es ist für die Anzeigestellung, d. h. für die Ausführung der Operation, keineswegs gleichgültig, ob „in den schwer erkrankten Tuben und Ovarien nur etwas Serum und kein Eiter oder jederseits ein halber Kaffeelöffel oder ein viertel Liter Eiter ist, ob dieser in das Rectum durchgebrochen ist oder einen ante- oder retrouterinen Abscess bildet" (Leopold, l. c. S. 293). Es giebt eben infolge dieser Verschiedenheiten in technischer Hinsicht scharfe Grenzen, die jeder Praktiker respectiren wird; es giebt gewisse Fälle, in denen die vaginale Ausrottung der inneren Genitalien im Ganzen mit der Naht vorgenommen werden kann, es giebt auf der anderen Seite Fälle, die für die Anhänger der Naht inoperabel sind, in denen die Anwendung der Klemmen die conditio sine qua non bildet. Und das sind gerade diejenigen, in denen das Péan'sche Princip in seiner umfassenden Bedeutung — Drainage, Atrophie zurückgelassener Genitalien, Eliminirung der Infectionsquelle — gefunden werden konnte. Sie konnten allein eben die ausgezeichnete Ent-

---

[1] Es ist nicht zutreffend, wenn Leopold sagt, dass Péan „in der ersten Zeit nur den Uterus fortnahm, später auch die erkrankten Adnexe der einen Seite, und erst noch später gleichzeitig Uterus und Adnexe" (l. c. S. 289). Péan entfernte bei seiner ersten hierhergehörigen Operation, wie Leopold S. 291 selbst citirt, am 12. December 1887 Uterus und Adnexe.

deckung Péan's zeitigen, der diese auf ihrer Grundlage als ein ultimum refugium ersann.

Ganz abgesehen davon, dass auch in prognostischer Beziehung unsere Erfahrungen eine Gleichsetzung aller dieser genannten Zustände nicht zulassen: es ist ein bedeutsamer prognostischer Unterschied, ob man es mit einer fingerdicken, eisenharten, in Schwarten eingebackenen Salpinx zu thun hat oder mit multiplen Beckenabscessen voll virulenten Eiters, ob mit einem in sich unveränderlichen, fertigen Product oder einem zehrenden, weiterschreitenden, für die Nachbarorgane hochgefährlichen infectiösen Process. Das chirurgische Princip der Drainage für diese letzteren gewiss scharf genug umgrenzten Erkrankungen der Beckenorgane schafft und begründet allein und zuerst die Péan'sche Operation und die Péan'sche Technik.

Wer diese beherrscht und auf Grund der Péan'schen Axiome an complicirten Beckenabscessen erprobt, kann selbstverständlich in absteigender Linie zu Fällen geringerer Schwierigkeit (einfach eitrige oder einfach entzündliche, nicht eitrige) gelangen. Diesen Weg hat in der That die Péan'sche Operation durchlaufen, und hier gebührt keinem anderen als Segond das Verdienst, zuerst in aller Schärfe auf die durchaus gleichsinnige Bedeutung der Uterusexstirpation (23. Februar 1891; cf. Baudron l. c. S. 13) für die Behandlung der doppelseitigen einfachen Pyosalpinx, der parenchymatösen oder catarrhalischen Salpingitis, der entzündlichen doppelseitigen Anhangserkrankungen überhaupt hingewiesen zu haben.

Umgekehrt aber wird der mit Naht und ohne Morcellement Operirende nimmermehr den Weg von jenen gewissermassen simplen Fällen bis zu jenen schwierigsten finden können, für die eben allein auf der nothwendigen Basis der Péan'schen Technik die Péan'sche Indication gefunden werden konnte.

Dass in der That die Nahtmethode für eine Reihe von Fällen vaginaler totaler Castration ausreicht, — der erste eitrige entfällt übrigens bei Leopold erst auf den 23. Mai 1892 (für den Fall vom 5. April 1892 ist angegeben: „Tube am Ende verschlossen, eine wurstartige, schmierige Masse enthaltend") zeigt Leopold durch sein Material, und das ist auf der andern Seite von Anhängern der Péan'schen Technik nie geleugnet worden. Freilich, dass L. „niemals Forcipressur anwendete" (cf. Congr. in Rom 1894, Centralbl. für Gynäkol. No. 16, S. 378), erfährt eine gewisse Einschränkung durch seinen Fall 10 (l. c. S. 267: „Blutstillung erst möglich nach mühsamer Abklemmung verschiedener Stumpfstellen; unter Liegenlassen von Klammern Ausstopfung der ganzen Scheide mit Jodoformgaze") und Fall 31 (l. c. S. 274, „an zwei blutenden Stellen müssen Klemmen liegen bleiben").

Auf der anderen Seite lassen Leopold's technische Angaben — S. 279 ff. ist sein Verfahren ausführlich geschildert —, dass Darmadhäsionen der Beckenorgane „durch sanftes Wegstreichen gelockert und mit den Fingerspitzen von oben her die Organe in die Wundhöhle hereingeholt" werden oder Beckenorgane „von aussen her in die Beckenhöhle hineingedrängt" werden (S. 280), einen gewissen Rückschluss auf die Schwierigkeit seiner entsprechenden „schweren Fälle" zu. Im Fall 27 „lässt L. die rechtsseitigen Adnexe drin, weil normal (S. 272)", also vaginale Castration bei einseitiger Adnexerkrankung!

Nach alledem ist es eine Pflicht der historischen Gerechtigkeit, festzustellen, dass die vaginale Totalexstirpation in der Behandlung der entzündlichen Adnexerkrankungen in jedem Sinne eine durchaus neue Operation darstellt und nicht „lediglich als die Nutzanwendung ihrer Technik und ihrer Erfolge, wie wir sie vom Carcinom her kennen, zu gelten hat" (Leopold, l. c. S. 264); dass Péan's Uterusextirpation wegen Beckeneiterungen einen grossen Fortschritt in der Behandlung dieser Affectionen darstellt, und dass aus keiner Mittheilung Leopold's hervorgeht, er habe vor Péan diese Indication zuerst aufgestellt. Wenn sich im Laufe der Entwickelung der Péan'schen Operation die vaginale totale Castration auch für einfach eitrige und die nicht eitrigen, entzündlichen, aber doppelseitigen Adnexaffectionen in demselben Sinne als werthvoll gezeigt hat, so ist an der Erfindung und systematischen Verbreitung auch dieser Indication Leopold gleichfalls unbetheiligt. Daran werden alle Publicationen Leopold's aus dem Jahre 1895 und etwa noch folgende Nichts ändern können.

Kapitel IV.
Verbreitung der Péan'schen Operation. Polypragmatische Anwendung. Entwickelung der vaginalen Radicaloperation.

Wenn wir nunmehr die Geschichte der Péan'schen Operation kurz vervollständigen, so sind für die Ausbreitung und Verbreitung des Verfahrens in erster Linie Segond und Doyen zu nennen. Weitere Fortschritte knüpfen sich in Frankreich an die Namen Richelot, Bouilly, Nélaton, Quénu, Reclus, Routier; in Belgien an die Namen Jacobs, Rouffart, Debaisieux; Iversen in Dänemark; Treub in Holland; Acconci, Bastianelli, Inverardi, Ruggi in Italien; L. und Th. Landau in Deutschland[1]). Von weiteren deutschen Autoren zu Gunsten des Verfahrens resp. der Klemmenbehandlung wüssten wir bis auf C. Abel, Räther und Schramm bis auf die neueste Zeit keinen zu nennen.

Einen Markstein in dem Entwicklungsgange des Verfahrens bildet der Brüssler internationale Gynäkologen-Congress (13. September 1892), wo zum

---

[1]) s. a. Baudron, l. c. S. 22.

ersten Male vor einem grossen Forum die Frage der „Péan'schen Operation" in breitester Ausdehnung zur Erörterung kam. Einen Beweis für die nun folgende schnelle Verbreitung giebt z. B. die 1893 erschienene Dissertation Lafourcade's[1]), der über 138 von verschiedener Seite gemachte Einzelbeobachtungen berichten konnte.

Trotz der Häufung des literarischen Materials und trotz der zweifellos sich geltend machenden Systematisirung des Verfahrens war es gleichwohl schwierig, sich auf Grund der vorliegenden Literaturangaben ein klares Urtheil über den Werth der Methode zu bilden oder dieselbe gegen die vielfach erhobenen Einwände der Gegner zu schützen. Der Schwerpunkt der Einzelerörterungen der Autoren lag oft nur in der Besprechung der technischen Fragen, sehr zum Schaden ihrer übrigen Mittheilungen: ihre Beobachtungen boten sich meist nicht in Form einer erschöpfenden oder auch nur in groben Zügen zeichnenden Casuistik, sondern mehr in Form von Collectivzahlen (vergl. z. B. Péan's Mittheilungen, Doyen's Schriften, aus neuerer Zeit M. Landau's Bericht über 149 Fälle von Jacobs-Brüssel, Arch. für Gyn. Bd. 46. Heft 1. u. s. w.). Vor Allem aber lagerte eine grosse Verschwommenheit und Unklarheit über der Indicationsstellung, die in der überall wiederkehrenden Sammelbezeichnung — Suppuration pelvienne — ihr Genüge fand.

Ausser den „Suppurations graves périutérines", für deren Heilung Péan das Verfahren ersonnen hatte, wurden, wie es schien, unter diesem Titel auch andere Abscessformen im kleinen Becken, ja, auch unbedingt Fälle mit nicht eitrigen oder gar nur ganz unerheblichen Affectionen der Péan'schen Operation unterworfen und Organe mittels eines um so weniger umständlichen Verfahrens exstirpirt, je geringere Veränderungen sie zeigten.

Es fehlte bei der Begründung der Indication zur Totalexstirpation, die immer schlechtweg in der „suppuration pelvienne" gegeben war, die individualisirende Unterscheidung, d. h. die Differenzirung nach pathologisch-anatomischen Gesichtspunkten, also klinisch gesprochen die exacte Diagnose. Auf diese aber treibt uns nicht etwa der Hang zu einer nur wissenschaftlichen, practisch bedeutungslosen Eintheilungssucht, sondern auf ihr baut sich eine durchaus verschiedene Behandlungsweise auf.

An diesen drei Punkten: der pathologisch-anatomischen Eintheilung der Beckenabscesse, ihrer klinischen Diagnostik und durchaus individuellen Behandlung setzte L. Landau in seinen Arbeiten: Zur Pathologie und Therapie der Beckenabscesse des Weibes mit besonderer Berücksichtigung der vaginalen Radicaloperation (Arch. f. Gynäkol. Bd. 46. Heft 3), Ueber die Heilung der Beckenabscesse des Weibes (Berl. klin.

---

[1] J. Lafourcade, De l'hystérectomie vaginale dans les suppurations périutérines. Thèse de Paris. 1893.

Wochenschr. No. 22—24. 1894) ein, unter mannigfacher Beziehung auf seine bereits 1891 erschienenen „Tubensäcke" (Berlin, Hirschwald). Wenn man, abgesehen von der specifischen Natur der Eitererreger, der Art und dem Wege der Infection und ihrer Verbreitung, die Abscesse im Becken allein auf anatomischer Grundlage eintheilt, so sind die intravon den extraperitonealen Abscessen zu trennen, unter letzteren solche in präformirten (Pyometra, Pyosalpinx, Pyoovarium) und in nicht präformirten Räumen (paravaginales und parametranes Gewebe, subperitoneales Beckenbindegewebe und subperitoneales Bauchdeckenbindegewebe). Die eben angeführten Abscesse können einzeln oder multipel vorkommen und sind häufig doppelseitig. Selten finden sich die Processe rein, meistens sind intra- und extraperitoneale abgekapselte Eiterungen miteinander combinirt. Zu der Phlegmone des subperitonealen Bindegewebes gesellt sich gewöhnlich auch Entzündung des Pelviperitoneums. Diese bildet die Vorstufe intraperitonealer Beckenabscesse.

Die Einzelformen der acuten Pelviperitonitis sind P. serosa, fibrinosa, purulenta, haemorrhagica. Ein häufiger chronischer Endzustand ist die Pachypelviperitonitis adhaesiva, die für sich, mit Bildung seröser Flüssigkeitsansammlungen oder aber intra- und extraperitonealer Eiterabkapselungen vorkommt. Aus diesen anatomischen Grundformen der eitrigen und der rein entzündlichen, nicht eitrigen Pelviperitonitis ergeben sich verschiedene Combinationen, die bei geeigneten Mitteln unserer diagnostischen Erkenntniss und einer differenzirenden Therapie zugänglich sind. L. Landau hat auf die einzelnen diagnostischen Zeichen (cf. „Ueber Tubensäcke". Berlin. Hirschwald. 1891) hingewiesen und unter den anzuwendenden Hilfsmitteln u. A. die palpatorische Probepunction resp. Incision im hinteren Scheidengrund besonders empfohlen.

Insbesondere konnte L. Landau an der Hand seiner zur Vervollkommnung der Diagnose gebrauchten Hilfsmittel den ehrwürdigen und unangetasteten Sammelbegriff der sogenannten „parametranen Erkrankungen": der parametranen Schwielen, der chronischen Parametritis etc. in Einzelkategorien auflösen. Oft genug war die steinharte parametrane Leiste oder Masse, für die auch die Deutung als Fibroid oder metritische Vergrösserung nicht selten in Frage kam, Nichts als ein abgekapselter Eiterherd, eine Pachypyosalpinx oder ein extraperitonealer Abscess mit pachypelviperitonitischer Kapsel. L. Landau hat, aufbauend auf der Grundlage dieser anatomischen und klinischen Daten, folgende Behandlungsweisen und Grundsätze für die „sogenannte Suppuration pelvienne" vorgeschlagen:

1. Strenge Trennung zwischen ein- und doppelseitigen Affectionen; zwischen uni- und multiloculären Herden; Entfernung des Uterus nur bei doppelseitig vereiterten und zerstörten Anhängen.
2. Bei solitärem Abscess Incision (je nach Sitz, von der Scheide oder

den Bauchdecken aus), bei recidivirendem multiloculären einseitigen Ausschneidung mit Erhaltung der gesunden Seite.

3. Bei bilateralen uniloculären Abscessen ist die blosse Incision zu versuchen. Dieser Heilungsversuch (selbst bei Pyosalpinx duplex unilocularis) präjudicirt, wenn vergeblich, nicht andere eventuell später nothwendig werdende Eingriffe und erhält eventuell dauernd wichtige Functionen.

4. Bei bilateraler Erkrankung und multiloculären Eitersäcken (multiloculärer Pyosalpinx duplex, Tubeneitersäcken mit intra- und extraperitonealer Abscessbildung u. s. w.) ist die blosse Exstirpation beider Adnexe, gleichviel, ob auf abdominalem oder vaginalem Wege, nicht empfehlenswerth; denn die überstandene Operation garantirt nicht die Dauerheilung. Vielmehr ist hier wie bei bilateraler Erkrankung, wo neben Eitertuben oder Ovarialabscessen fistulöse Durchbrüche nach anderen Organen vorhanden sind, die vaginale Radicaloperation, d. h. die Exstirpation des Uterus und der Adnexe, möglichst allein per vaginam, am Platz.

Kapitel V.
Die vaginale Radicaloperation. Definition, Anzeigen und Begrenzung. Ihre Vorzüge. Unsere technischen Hülfsmittel und Grundprincipien.

Die für die eben charakterisirten Fälle von uns vorgeschlagene und geübte Operation nannten wir die vaginale Radicaloperation (Castration utéro-ovarienne, utéro-annexielle oder totale der Franzosen). Die Fälle selbst, an denen wir sie als eine Operation des Zwanges zunächst erprobten, waren complicirte Beckenabscesse.

Die Besonderheit dieser Fälle, die Ergebnisse unserer Methode und ihr Verhalten zu den sonst üblichen Exstirpationsweisen haben wir in den oben erwähnten Arbeiten des Näheren dargelegt.

Die Durchmusterung des dort niedergelegten Materials muss jeden Unbefangenen davon überzeugen, dass die vaginale Radicaloperation in jenen Fällen bei Kranken angewendet wurde, die von ihrem Leiden durch andere Operation nur mit erheblichster Lebensgefahr oder überhaupt nicht zu heilen gewesen wären, für die also die vaginale Radicaloperation das letzte und einzige Mittel bildete. Bei fast allen Kranken bestand das schwere Leiden schon mehrere Jahre; bei Vielen waren mehrfache, von temporärem Erfolg begleitete Operationen: Incision, Resection des Uterus, Laparotomie ausgeführt worden; bei mehreren Frauen waren fistulöse Durchbrüche nach Darm und Blase vorhanden.

Für derartige Leiden bildete also die vaginale Radicaloperation ein geradezu souveränes Verfahren: sie war die Methode der Nothwendigkeit und nicht der Wahl!

Nicht theoretische Erwägungen, sondern die auf der Basis von 141 Laparotomien wegen entzündlicher Adnexerkrankungen gewonnenen eigenen Erfahrungen (l. c.: 63 Fälle von Pyosalpinx, 38 Fälle von Hydrosalpinx bez. Tuboovarialcysten, 6 Fälle von Pyosalpinx und Hydrosalpinx, 10 Fälle von nicht eitrigen Salpingitiden, dazu 24 Fälle von Tubargraviditäten; 141 Fälle mit 6 Todesfällen, darunter 2, in denen bei diffuser Peritonitis operirt wurde) führten uns bereits damals zu dem Vorschlage, auch für uncomplicirte doppelseitige Eiterungen (Pyosalpinx und Ovarialabscesse) nach fruchtlosen conservativen inneren und chirurgischen Behandlungsversuchen statt der blossen Adnexentfernung die Castratio vaginalis totalis auszuführen.

Hatten wir vorerst noch dieser Indication widerstanden und nur an den schwersten Fällen die vaginale Exstirpationsmethode erprobt, so unterwarfen wir nunmehr auch die doppelseitigen uncomplicirten eitrigen Erkrankungen der Anhänge, sobald deren Ausrottung geboten war, dem gleichen Verfahren.

Und weiter hatten wir bereits der ersten Operationsreihe, der complicirten Beckenabscesse 7 Fälle von schweren doppelseitigen entzündlichen, nicht eitrigen Adnexaffectionen und von Tubengraviditäten mit schweren palpablen doppelseitigen chronisch-entzündlichen Erkrankungen der Uterusanhänge hinzugefügt, in denen das Vorgehen per Laparotomiam technisch die grössten Schwierigkeiten geboten hatte. Durch vaginale Radicaloperation wurde Heilung erzielt.

Von den schwersten eitrigen Fällen über diese hinaus schloss sich für uns so der Kreis der Indicationen für die vaginale Radicaloperation dahin, diese nicht nur als Operation des Zwanges — bei complicirten Beckenabscessen —, sondern auch als Eingriff der Wahl bei uncomplicirter eitriger und einfach entzündlicher Zerstörung der Uterusanhänge überall da vorzunehmen, wo die Doppelseitigkeit des Leidens sichergestellt war.

Warum setzten wir an die Stelle der bisher auch von uns genügend oft erprobten abdominalen Exstirpation die vaginale Radicaloperation? In erster Linie, weil uns nicht sowohl der unmittelbar günstige Ausgang, als vielmehr die Dauerheilung der Kranken am Herzen lag. Die abdominale Abtragung der entzündeten Anhänge aber bringt bloss einem gewissen Procentsatz (60—70 pCt.) der Operirten, so ausgezeichnet auch der unmittelbare Erfolg sein mag, anhaltende Befreiung von den Beschwerden, wegen deren sie sich der Operation unterziehen. Sie sind mit dem Leben davongekommen, aber nicht lebensfreudig und arbeitsfähig geworden; sie sind von ihren erkrankten Anhängen befreit, aber nicht gesund. Denn der zurückgelassene Uterus mit den Adnexstümpfen bleibt wegen der eben nur in einem gewissen Procentsatz der Fälle ausheilenden Perimetritis, Metritis, Endometritis als Herd recidivirender Pelviperitonitis und als Eingangspforte für weitere Infectionen des Bauchfells bestehen. Alte Entzündungen flackern wieder auf, eitererregende Keime erzeugen in und um die ligirten Stümpfe Exsudationen, oder aber der Process nimmt einen mehr schleichenden, plastisch-fibrösen Character an und zieht Darmserosa und Netztheile in seinen Bereich. Damit sind die Quellen der so häufigen Schmerzen und Beschwerden der Laparotomirten (Obstipation, chronischer Ileus) gegeben, Leiden, die nichts Anderes zu heilen und denen nichts Anderes vorzubeugen vermag als — die Uterusexstirpation.

Heilt aber selbst der entzündliche Process im Uterus nach der doppelseitigen Adnexabtragung aus, so soll erst noch gezeigt werden, dass der zurückgelassene, der Atrophie anheimfallende Uterus von irgend welcher vortheilhaften Bedeutung für die Oeconomie des Körpers ist. Wir glauben im Gegentheil auf Grund einer längeren Beobachtungsreihe versichern zu können, dass die Ausfallserscheinungen nach totaler Castration geringer sind als nach blosser Adnexexstirpation. Darum haben wir auch keine physiologischen Bedenken, die Gebärmutter zur Heilung doppelseitiger eitriger resp. einfach entzündlicher Adnexerkrankungen oder selbst doppelseitiger genuiner Ovarialtumoren auszurotten. Der Uterus ist für uns bei diesen Operationen eine Quantité négligéable, der, ganz abgesehen von den geschilderten weiteren Wirkungen, zur Drainage von demselben Gesichtspunkt aus entfernt wird wie ein gesundes Rippenstück beim Empyema pleurae oder ein Stück der Schädelkapsel bei der Drainage des Hirnabscesses.

Fürwahr, ein pharisäerhafter Conservativismus, der nach doppelseitiger Abtragung der Anhänge die Entfernung eines Organs für eine Sünde ausgiebt, das auf keinen Fall etwas nützen kann, in vieler Hinsicht aber nur Schaden stiftet, den Nichts heilt, als die spätere Exstirpation! Der von seinen Anhängen entblösste Uterus ist wie ein Stück musculöser Bauchdecke, aber von besonderer Gefährlichkeit als Brutstätte und Eingangspforte virulenter Keime und als eventueller Sitz bösartiger Geschwülste.

Die entzündliche oder eitrige Natur der die Operation indicirenden Krankheiten wird ferner bei der ventralen Laparotomie auch bei grösster Vorsicht nicht verhindern können, dass durch Aussaat infectiösen Materials die Bauchdeckenwunde oder der nachher abgeschlossene Peritonealsack an dieser oder jener Stelle inficirt wird, ganz abgesehen von den in Adhäsionsfetzen, im parametranen und subperitonealen Bindegewebe zurückbleibenden Keimen: Bauchdeckenabscesse und circumscripte peritoneale Entzündungsprocesse — Schwarten, Abscesse, Fisteln — liefern hierfür den Beweis.

Wenn bei vaginalem Operationsverfahren selbst hier und da infectiöses Material auf den in dem Operationsbereiche gelagerten Darm oder das angrenzende Bauchfell gelangt, so sind hier ceteris paribus schon insofern günstigere Verhältnisse vorhanden, als hier die Infectionsaussaat intra operat, auf unberührtes, nicht maltraitirtes Peritoneum fällt. Bekommt man doch bei der vaginalen Operation den Darm oft überhaupt nicht zu sehen, geschweige in die Hand. Man berührt hier die Theile und Bauchfellpartien nur soweit, als sie krank sind und aus dem Körper eliminirt werden müssen oder mit kranken Theilen in unmittelbarster Berührung waren.

Wenn wir sodann auf das Fehlen der Bauchnarbe bei der vaginalen Exstirpationsmethode viel Gewicht legen, so sprechen hierfür weniger ästhetische Gründe, als die prädisponirende Bedeutung der Bauchnarbe für die Entstehung von Hernien und Enteroptosen. So wenig wir leider durch eine bestimmte Art der schon von Dieffenbach in ihren Grundvariationen geschilderten Bauchdeckennaht diesem üblen Ereigniss vorbeugen können — können doch Bauchbrüche in Stichkanälen neben der intact bleibenden Schnittnarbe sich herausbilden —, so gross sind nicht selten die durch die Bauchbrüche entstehenden Beschwerden, zumal wenn Darm und Netz, wie so oft nach diesen Operationen an infectiösen Theilen, an der Narbe und später im Bruchsack adhärent werden. Weder diese recht böse Complication noch Keloide, die jeder Operateur mit grossem Material an seinen Operirten zu beobachten Gelegenheit hat, dürften bis jetzt in der Scheidennarbe nach totaler Exstirpation beobachtet sein.

Wie die Infectionsgefahr ist bei der vaginalen Operation auch unstreitig der Eingriff an sich ein geringerer. Es fehlt das Manipuliren, sei es mit Fingern und Instrumenten, sei es mit feuchten oder trockenen Tupfern am Peritoneum und Darm, die Abkühlung, Zerrung und Verschiebung der Intestina, die, wie gesagt, nur insoweit berührt werden, als sie in die Begrenzung des Operationsfeldes selbst unmittelbar eingegangen sind. So fehlt der operative Shock, so ist die Reconvalescenz gegenüber dem abdominalen Eingriff eine leichtere, die Heilungsdauer relativ und absolut gekürzt.

Und genügt nicht weiter just das vaginale Verfahren in ausgezeichneter Weise dem gerade für diese entzündlichen oder gar ausgesprochen eitrigen Affectionen vollgiltigen allgemeinen chirurgischen Princip der offen drainirenden Wundbehandlung? Wer, wie wir, die Peritonealhöhle in keinem Falle vaginaler Exstirpation verschliesst, wer um die Klemmen herum die Wundhöhle mit reichlichen Gazestreifen, die zugleich die Pincenspitzen von den Därmen etc. trennen, locker füllt, schafft dem Wundsecrete einen freien und sichern Abfluss, der nach der Scheide als dem tiefsten Punkt und dem natürlichen Wege hin leichter und ausgiebiger erfolgt, als man es je von den Bauchdecken aus zu erzielen vermöchte.

Wie auch M. Landau (l. c. S. 105) mit Recht hervorhebt, kommt als ein weiterer wesentlicher Punkt bei diesem Vorgehen die äusserst schnell eintretende Abkapselung um die Gazestreifen hinzu, die allseits von schnell sich bildenden Adhäsionsfäden und Membranen umzogen werden. So schaltet sich die Wundhöhle in heilsamer Weise vom Peritonealraum aus, und die rasch eintretende Secretion und Demarcation erfolgt extraperitoneal. Unstreitig tritt eine schnelle Umkapselung auch bei dem von den Bauchdecken aus eingeführten Drainmaterial ein; aber die Adhäsionsbildung liegt hier an wenig erwünschter, nicht natürlicher Stelle. Müssen doch definitive Verwachsungen unter allen möglichen intraabdominalen Organen zurückbleiben! Ebenso bei der abdominovaginalen Drainage, wie sie z. B. Chaput für die Uterusexstirpation principiell empfiehlt (Sem. médic. 1892. p. 349), eine Methode, die überhaupt zu der an sich ausreichenden und vollkommenen vaginalen Drainage nur Nachtheile hinzufügt.

Man ziehe endlich in Erwägung, dass der Modus procedendi der vaginalen Radicaloperation in jedem Punkte und speciell in den Anfangsacten nicht minder als die abdominale Laparotomie ein Abbrechen der Operation gestattet, dass probatorische Incisionen und bei irrthümlich angenommener Doppelseitigkeit die Abtragung der nur einseitig erkrankten Adnexe in leichter und ungefährlicher Weise erfolgen, also dem conservativen Princip vollauf Genüge geleistet werden kann. Dass man auch beide entzündlich veränderten Adnexe nach Hervorwälzung des Uterus in gewissen, nicht allzu schweren Fällen (Tubargravidität, einfach entzündliche Veränderungen u. dgl.) isolirt abtragen und den Uterus reponiren kann, ist in rein technischer Beziehung natürlich nicht schwierig. Uebrigens ist auf der andern Seite nicht zu vergessen — was zu betonen vielleicht nicht überflüssig ist —, dass man auch ohne Probe- und Hülfsschnitte, durch Palpation, Punction und Krankenbeobachtung, allermeist schon vor dem Eingriffe die Diagnose zum mindesten der Ein- oder Doppelseitigkeit oder der eitrigen oder einfach entzündlichen Natur und damit auch die Art der Operation bestimmen kann. Nach manchen modernen Publicationen hat es den Anschein, als ob für viele Gynäkologen erst nach Beginn der Operation, dem sog. probatorischen Schnitte, die Beschäftigung mit der Kranken beginnt.

Ein letzter und immer wieder betonter Einwand gegen die vaginale Exstirpationsmethode besteht darin, dass man nur nach Bauchschnitt in der Lage wäre, die entzündeten, vereiterten und schwielig verwachsenen Anhänge vollkommen zu entwickeln, ihre Auslösung per vaginam indessen immer eine unvollkommene bleiben müsse. Diese Anschauung scheint die allerdings von Péan selbst vollzogene Identificirung der Péan'schen Operation mit einer Castratio uterina zu stärken, die das Verfahren gleichsam in jedem Einzelfalle von Adnexerkrankung zu einem unvollkommenen stempelt.

Selbst wenn dem so wäre, so würde dieser Einwand verstummen müssen gegenüber der Thatsache, dass in einer grossen Zahl von Fällen die blosse Entfernung der Gebärmutter als eine indirecte Operation mit Sicherheit zur Dauerheilung der Kranken ausreicht, weil die erkrankten Anhänge nach Entfernung des Fruchthalters der völligen Atrophie anheimfallen. Zweitens stehen Péan und Segond auf dem Standpunkt, dass sie, wenn sie auch das Wesen ihrer Operationen mit Recht in der Ausschneidung des Uterus sehen, dennoch die totale Castration nicht bloss empfehlen, sondern auch ausführen (s. o. S. 15 u. 16).

Freilich stellt thatsächlich der Vater der Methode die Auslösung der Anhänge nach erfolgter Hysterectomie in allen seinen Publicationen mehr in die Willkür des Operateurs. Und Segond betont ausdrücklich, dass nach der Uterusexstirpation wegen Adnexerkrankungen die Anhänge (des salpingites kystiques adhérentes — pyosalpinx, hydrosalpinx, hématosalpinx etc., Baudron l. c. S. 41) nur dann mitauszulösen seien, wenn die Ausschälung leicht und unter steter Controle des Gesichtssinns sich vornehmen lässt (ne pratiquer l'ablation totale des annexes que lorsque cette ablation se fait aisément et sous les yeux de l'opérateur).

Hier war ein weiterer Punkt gegeben, in dem unsere Bemühungen um die Ausbildung der Methode einsetzten. Wir erhoben — in Uebereinstimmung mit Doyen, wenn auch unabhängig von ihm — die Forderung der vaginalen Radicaloperation, d. h. in jedem Falle nicht bloss den erkrankten Uterus per vaginam zu entfernen, sondern erst recht die zerstörten Appendices (Pyosalpinx, abscedirte Ovarien etc.) und selbst die Wandungen intra- und extraperitonealer Abscesse mitzunehmen. Principiell soll also die Exstirpation alles Krankhaften geschehen, und so sehr hielt L. Landau an der Forderung der radicalen Entfernung fest, dass er schon bei seinen ersten Operationen die abdominale Laparotomie da anschloss, wo er diesem Grundsatz auf rein vaginalem Wege nicht gerecht werden konnte. Nebenbei bemerkt, hatten wir bei Carcinomexstirpationen schon seit langer Zeit Pyosalpingen, Ovarialtumoren und Myome sammt dem krebsigen Uterus auf vaginalem Wege nebenher entfernt[1]).

Zu dieser radicalen Operationsweise führten zunächst theoretische Erwägungen, die wir um so mehr als richtig erkannten, als sie durch gewisse von uns operirte Fälle ihre nachträgliche Bestätigung erfuhren. Da, wo nach der blossen Abtragung des Uterus Eiterhöhlen in den veränderten Anhängen und ihrer Umgebung zurückbleiben, kann die Rückbildung dieser pathologischen Gebilde — wenn auch, wie die Erfahrung lehrt, selten — ausbleiben oder zum mindesten sich sehr verzögern. Hier persistiren schwärende Fisteln, die zuweilen erst nach Monaten sich schliessen, oder aber um die zurückgelassenen Abscesstheile herum flackert nach Schluss der Scheidenwunde der pelviperitonitische Process mit Bildung von prallen Cysten oder selbst Abscessen wieder auf. Völlige Gesundung tritt hier erst nach spontaner oder künstlicher (Incision) Eröffnung ein. Ja, es ist in gewissen Fällen angezeigt, durch die nach dem vaginalen Eingriff zur Erfüllung des radi-

---

[1]) Th. Landau, l. c. Separat. S. 20.

calen Principa unmittelbar erforderliche, aber leider unterlassene abdominale Laparotomie die Kranken später zu heilen. Je umfangreicher ferner die der Selbstabstossung überlassenen Abscesswände, Pyosalpinxtheile, Ovarialreste sind, desto umfangreicher sind die Necrotisirungs- und Demarcationsprocesse, desto grösser die Menge der zur Resorption gelangenden, fiebererzeugenden Producte, desto erheblicher die Gefahr der Arrosion grösserer Gefässe und damit der Spätblutungen. Durch eine radicale Operation muss somit zunächst der Heilverlauf beschleunigt und erleichtert, dann das Heilresultat gesicherter werden.

Dass die Betonung radicalen Vorgehens bei der vaginalen Operationsweise sich nicht in den inhaltslosen Grenzen einer blossen idealen Forderung bewegte, konnten wir gerade auf der Basis der zuerst von uns in Angriff genommenen complicirten Beckenabscesse in schlagender Weise darthun, für die Péan und Segond stets und principiell die blosse Castratio uterina empfohlen hatten.

Es liegt auf der Hand, dass gerade für diese mit den schwersten Veränderungen und Erscheinungen einhergehenden Fälle ein radicales Operiren doppelt viel bedeutet, da alle den Heilverlauf bei unvollständiger Ausschneidung oder der blossen Castratio uterina möglicherweise störenden Momente hier um so leichter zur Entwicklung kommen können.

Man kann nicht in Abrede zu stellen, dass in gewissen sehr vereinzelten derartigen Fällen jeder andere Eingriff als eine blosse Castratio uterina -- also auch die Radicaloperation per abdomen — für die Patienten nichts Anderes bedeutet als den Tod. In der Regel jedoch ist es an der Hand einer geeigneten Technik möglich, zugleich mit dem Uterus Adnexe mit den schwersten Veränderungen herauszuholen und auszuschneiden. L. Landau hat die entsprechenden Präparate in einer grösseren Zahl unter Erläuterung der Technik z. B. beim Congress der deutschen Gesellschaft für Gynäkologie in Wien, Mai 1895, demonstrirt. — Damit ist naturgemäss die Möglichkeit radicalen Vorgehens auch für die weniger schweren Fälle theoretisch dargethan. Andere und wir selbst haben sie durch eine grosse Zahl von Operationen practisch bewiesen. Ist also gegenüber diesen Thatsachen der Einwand wirklich stichhaltig, dass die Exstirpation schwer veränderter Adnexe nur vom Bauch aus möglich sei, dagegen von der Scheide aus stets unvollkommen bleiben müsse?

Wir heben ausdrücklich hervor, dass wir die Ergebnisse unserer Methode durch eine Reihe von Demonstrationen der Operationen selbst, der gewonnenen Präparate, der geheilten Patientinnen, durch genaue Veröffentlichung der Krankengeschichten, also in Form einer speciellen Casuistik wiederholt gegeben haben. Wir heben es deswegen hervor, weil von Seiten Doyen's, des Vertreters des gleichen Princips der totalen Castration, eine Veröffentlichung der Einzelfälle nicht vorliegt, und somit eine Vergleichung seiner Fälle mit den unserigen in dem hervorgehobenen Sinne nicht ermöglicht ist. Nebenbei bemerkt musste Doyen unter seinen 77 Fällen nicht bloss öfters Theile der Adnexe, sondern viermal Theile des Uterus zurücklassen (s. o. S. 15), und auch Segond giebt durch Baudron (l. c. S. 41) zu, dass er bis zur Anwendung seiner eigenen Zerstückelungsmethode gelegentlich Fragmente des Uterus im Leibe der Kranken habe belassen müssen: car depuis qu'il applique systématiquement ce manuel opératoire, il ne lui est plus arrivé de laisser des fragments d'utérus. Die totale Ausrottung der Gebärmutter halten wir in jedem Falle für ausführbar. Die Gründe für die selbstauferlegte Beschränkung Péan's und Segond's auf die blosse Uterusausschneidung in schweren eitrigen Fällen liegen sicherlich in der ihnen eigenen Technik, die unter Anderem verlangt, dass Alles nur unter Zuhülfenahme des Auges vorgenommen werden kann (s. o. S. 16).

Im Gegensatz zu ihnen haben wir wie die palpatorische Punction und Incision, so die palpatorische Enucleation für die Auslösung der erkrankten Adnexe angegeben, in der wir die unerlässliche Vorbedingung für die Erfüllung unserer radicalen Anforderung sehen. Gelingt es doch gerade auf diesem Wege palpatorischer Enucleation, in ungeahnter Weise selbst voluminöse Adnexe zu entwickeln.

Wer aus philosophischen Gründen annimmt, dass ein derartiges palpatorisches Vorgehen den Regeln der Chirurgie zuwiderlaufe, der erinnere sich, um bei dem concreten Fall zu bleiben, daran, dass er auch bei dem abdominalen Verfahren am Beckenboden adhärente Tubeneitersäcke oder Eierstocksabscesse trotz aller Beckenhochlagerung nur im Blinden, d. h. mit Hilfe des Tastsinns auszulösen vermag. Wem würde es weiter einfallen, die Wendung oder die Anwendung der Zange nur darum zu perhorresciren, weil man die Theile, welche man fasst, nicht sieht? —

Dem Bestreben, alles Erkrankte zu entwickeln, konnten wir nur gerecht werden auf der Grundlage auch der sonstigen Eigenheiten unserer Technik, die eine wesentliche Abweichung von der Péan's und Segond's bietet. Hatten wir bereits seit 1887 bei der Entwickelung der krebsigen Gebärmutter principiell erst nach vollständiger Auslösung des kranken Organs die Blutstillung besorgt, so wurde auch bei der vaginalen Radicaloperation dieser technische Grundsatz durchgeführt; also: Freilegung alles Auszuschneidenden in erster Linie, dann Stielung, und schliesslich unmittelbar vor der Abtragung und Beendigung der Operation Blutstillung. Auch Doyen hat diesen technischen Standpunkt stets vertreten, unabhängig von uns[1]).

---

[1]) L. Landau u. Doyen, Verhandl. d. deutsch. Gesellsch. f. Chir. 24. Congress. 1895. S. 158 und 161.

Es handelt sich dabei nicht um eine blosse aus Neuerungssucht erdachte Modification der Péan'schen Technik, sondern um eine einschneidende Besonderheit des Verfahrens. Wir gehen dabei von der Erfahrung aus, dass jede einmal angelegte Klemme den Operateur an weiteren Manipulationen bis zu einem gewissen Grade behindern und in der Hand eines nicht Geschickten durch Zerren unangenehme Risse und Blutungen verursachen kann. Liegen intra operationem eine gewisse Zahl von Klemmen, so wird dadurch der Raum für Finger und Instrumente für die Auslösung der inneren Genitalien, namentlich bei enger Scheide in wenig angenehmer Weise beschränkt und eingeengt. Und ferner bildet die bereits vor der Auslösung der Theile liegende Pince eine gewisse Behinderung für passende Stielung: man erhält so eine Reihe von Einzelstielen, und das, was man bei primärer vollkommener Auslösung alles Krankhaften in bequemer und zweckdienlicher Weise in Einem zusammenfassen und an der so gewonnenen Handhabe bequem revidiren und leicht nach der Scheide herunterziehen kann, wird hier in ein Vielfaches zerlegt.

Insofern bedeutet also jede Abklemmung vor der Auslösung ein Hinderniss für die vollständige Exstirpation; die durch die Einzelpincen markirten Blutstillungsgrenzen beschränken die Operationsausdehnung. So unstreitig die in erster Linie die Blutstillung intendirende Technik Péan's und Segond's für die „Castratio uterina" ausreicht, so sicher muss sie bei der Vollendung der vaginalen Radicaloperation grössere Schwierigkeiten entwickeln. Wir dürfen das um so eher behaupten, als es immerhin nach unserer eigenen operativen Erfahrung Fälle giebt, in denen kein anderes Vorgehen als das Péan's — Totalexstirpation oder Morcellement mit praeventiver Klemmung — vor der Auslösung der Anhänge möglich ist. In diesem Gefühl einer gewissen Behinderung durch die praeventiv angelegten Klemmen hat auch Segond sein eigenes Verfahren von der praeventiven, d. h. der Entwickelung der Theile vorangehenden Blutstillung emancipirt; wenn er auch freilich hier nur einen halben Schritt thut, da die Uterinae am Anfange der Uterusauslösung doch noch stets von S. „praeventiv" versorgt werden. (Baudron l. c. S. 43: Il en résulte cet avantage très appréciable d'arriver à la fin d'une hystérectomie laborieuse, sans être encombré par d'autres pinces que celles qu'on a placées dès le début de l'intervention sur les artères utérines.) Und wenn Péan und seine Schüler die blosse Castratio uterina als Methode für sämmtliche Beckeneiterungen empfahlen, so erscheint diese Genügsamkeit als directe Folge des eingeschlagenen praeventiv versorgenden Verfahrens.

Wir haben, um das nochmals hervorzuheben, demgegenüber principiell auf jede primäre Blutstillung verzichtet. Wir erstreben Freilegung, Zugänglichmachung aller Theile für den Gesichtssinn und Stielung derselben in erster, Blutstillung in zweiter Reihe, als Schlussact unserer Operationen;

bei Péan ist die Blutstillung das sich durch die ganze Operation hindurchziehende Leitmotiv. Dies Bestreben hat in technischer Beziehung unser Verfahren derartig beeinflusst, dass dasselbe trotz des Gebrauchs der Péan'schen Klemmen schliesslich in wesentlichen Punkten ein anderes wurde, als das ursprüngliche Péan'sche.

Um die Entwickelung, die die Methode auf der vom Entdecker geschaffenen Basis in unserer Klinik genommen, übersehen zu lassen, fassen wir noch einmal die wesentlichen Hauptpunkte unserer Anschauungen und unseres Verfahrens bei der Behandlung der Adnexerkrankungen kurz zusammen:

Differenzirende Eintheilung der „Beckeneiterungen". Genaue Diagnostik. Hilfe durch palpatorische Punction; dadurch Feststellung der Abscessnatur sogenannter parametraner Schwielen. Individuelle Behandlungsweise: vaginale oder abdominale Incision: abdominale oder vaginale Exstirpation erkrankter Adnexe; vaginale Radicaloperation; die ersteren Verfahren stets bei Einseitigkeit, letztere Operation stets bei Doppelseitigkeit. Vaginale Radicaloperation auch bei doppelseitigen nicht eitrigen Affectionen. Möglichkeit der Radicaloperation auch für die schwersten Fälle (complicirte Beckenabscesse) bewiesen, eventuell mit Hilfe der abdominalen Excision. Bei der Technik: Einführung der palpatorischen Auslösung der auszuschneidenden Organe: primäre Freilegung und Stielung aller Theile in erster, Blutstillung in zweiter Linie. Praeventive Blutstillung im Péan'schen Sinne nur als Methode des Zwanges.

Kapitel VI.
Die vaginale Radicaloperation im weiteren Sinne.

Die gleichen technischen Principien haben wir auch für die vaginale Exstirpation des myomatösen Uterus in Anwendung gezogen. Naturgemäss tritt hier unter den übrigen Einzelmanövern als wichtigstes Moment das von Péan angegebene Morcellement hervor. Bekanntlich war es von ihm mit Urdy schon 1873 für die abdominale Ausrottung der Myome angegeben. Nunmehr übte Péan diese Methode bei Geschwülsten anderer Organe, ganz besonders aber zum Zwecke der vaginalen Myomohysterotomie wie der vaginalen Hysterectomie resp. Hysteromyomectomie.

Wir haben diese Methode bei einer Reihe von Myomen, selbst bis zum Nabel reichenden, als ausgezeichnet erprobt. Wenn wir auch in den letzten Jahren mit anderen Methoden der Hysteromyomectomie, und zwar einerseits mit dem von L. Landau in Rom und neuerdings[1]) empfohlenen com-

---

[1]) Centralbl. f. Gynäkol. No. 16. S. 373. 1894. Eod. loc. No. 46. S. 1228. 1895.

binirten abdominovaginalen Verfahren, auf der anderen Seite mit der glänzend erdachten und verblüffend einfachen Doyen'schen abdominalen Totalexstirpation, gleichfalls ausgezeichnete Erfolge aufzuweisen haben, so werden wir doch immer bei der Bestimmung der Exstirpationsmethode für den myomatösen Uterus, sofern es sich um eine Methode der Wahl handelt, stets nach Contraindicationen für das rein vaginale Verfahren und nicht nach Anzeigen für den Bauchschnitt suchen. Wir thun dies aus Gründen, die generell für jede vaginale Operation gegenüber einer abdominalen oder combinirten ins Gewicht fallen, und natürlich unter der Voraussetzung, dass auch grössere Operationsreihen den höheren Werth des vaginalen Verfahrens bestätigen.

Die Uebereinstimmung in den leitenden technischen Grundsätzen der vaginalen Radicaloperation zur Heilung der Adnexerkrankungen, und der vaginalen Exstirpation des myomatösen oder sonstwie erkrankten (krebsigen) Uterus, ferner aber die häufige Combination dieser letztgenannten Uterusveränderungen mit entzündlichen oder eitrigen Anhangserkrankungen veranlassen uns, auch die vaginalen Hysterectomien aus diesen Indicationen dem Begriff der vaginalen Radicaloperation einzuordnen. Bei normalen Anhängen am prolabirten, unstillbar blutenden, carcinomatösen oder myomatösen Uterus, der vaginal ausgerottet wird, kann man, und bei erkrankten Anhängen wird man stets die vaginale Hysterectomie zur vaginalen Radicaloperation gestalten.

So vermehrt sich für die vaginale Radicaloperation die Zahl der Indicationen, aber trotz der verschiedenen Artung derselben lässt sich die Technik dieses Verfahrens in ungezwungener Weise als eine in grossen Gruppen einheitliche bezeichnen. Dass die Ausführung der Operation je nach dem verschiedenen Krankheitszustande, d. h. nach der Qualität und Quantität der Veränderungen, kleine Abweichungen erleidet, ist selbstverständlich. Indessen wird es keine Schwierigkeiten haben, ein in der folgenden Beschreibung als vorbildlich geschildertes Einzelverfahren auf diese oder jene Indication zu übertragen.

Der Beschreibung der Technik liegen unsere Erfahrungen in über 370 Fällen zu Grunde.

Theil II.
Die Technik der vaginalen Radicaloperation.

A. Allgemeines der Technik.

Wenn einer Anzahl von Indicationen ein in den wesentlichen Punkten gleiches Verfahren genügt, so folgt daraus, dass gewisse allgemein giltige chirurgische Grundsätze bei jeder einzelnen dieser Operationen wiederkehren und zur Anwendung kommen. Die Gegner des hier in Rede stehenden Verfahrens haben ihre Angriffe gegen fast jeden der Einzelpunkte dieser Methode gerichtet, unter stetem Hinweis auf allgemeine „chirurgische" Grundsätze, wobei freilich nicht zu verkennen ist, dass im Wechsel der Zeit wechselnde, d. h. jeweils moderne Anschauungen von ihnen vielfach als unwandelbare chirurgische Dogmen angenommen worden sind.

Aus diesen Gesichtspunkten scheint es uns nothwendig, der speciellen Schilderung der Technik der vaginalen Radicaloperation einen allgemeinen Theil vorauszuschicken, der die leitenden Grundsätze unseres Verfahrens in allgemeiner Weise zu begründen und auf der anderen Seite die Einwände der Gegner auf ihren Werth zu prüfen hat.

Kapitel I.

Unser Verfahren: Das Extractionsverfahren. Das sogenannte Klemmverfahren. Eigenschaften und Vorzüge der Klemmen.

Nichts ist dem Verständniss unserer vaginalen Ausrottungsmethode der inneren Genitalien mehr im Wege gewesen, als der übliche Name Klemmverfahren. Wohl hat uns das Klemmverfahren Péan's auf den Weg gewiesen, den unsere Technik nahm, aber unsere Technik ist nicht das Klemmverfahren; sie wird durch diesen Begriff nicht entfernt erschöpft. Gewiss hat Péan seine reformatorische Thätigkeit damit begonnen, dass er als Blutstillungsmittel an Stelle der Naht am Uterus die Anwendung der liegenbleibenden Klemmen lehrte. Den Unterschied gegenüber der sonst üblichen Exstirpationsmethode bildet bei Péan allein die Anlegung der Klemmen, und dieser Umstand macht sein Verfahren zur Klemmmethode καιʼ ἐξοχήν. Diesen Namen behält das Exstirpationsverfahren in denjenigen Fällen mit Recht, wo man die Klemmen als Methode des Zwanges anwenden muss, also bei grossem, gänzlich unbeweglichem, keinem Zuge folgendem Uterus.

Abgesehen davon aber hat unser Verfahren mit Klemmen erst in zweiter Reihe etwas zu thun, ja, es ist von der ursprünglichen Péan'schen Methode toto coelo verschieden.

Für Péan und seine Schule ist in jedem Moment der Operation die Besorgung der Blutstillung, die „praeventive Blutstillung" durch Klemmen das Wesentliche; für uns hingegen die vollkommene Freilegung und Entwickelung aller auszuschneidenden Theile, zunächst mit Vernachlässigung der Gefässversorgung. Die Blutstillung ist bei Péan primär, also bezüglich der Freilegung der Theile praeventiv, bei uns secundär, also bezüglich der Freilegung consecutiv[1]).

So berechtigt also das Péan'sche Verfahren als Klemmverfahren nach seinem Hauptprincip bezeichnet werden kann, so berechtigt müsste man nach dem leitenden Grundsatz unsere Methode das Extractions- oder besser Enucleationsverfahren nennen.

Ist bei unserem Verfahren dem Hauptgrundsatze Genüge geschehen, d. h. sind die auszuschneidenden Theile aus ihren Verbindungen gelöst und gestielt, so könnten, sofern jetzt allein die Blutstillung in Frage kommt, sowohl die Naht wie die Klemmen in Anwendung gezogen werden.

Wenn wir trotzdem in jedem Falle die Klemmen der Ligatur vorziehen, so ist dies in Vorzügen gerade der Klemmen begründet, die über deren Eigenschaft als blosse Blutstillungsmittel bei Weitem hinausgehen.

---

[1]) Für die verschiedene Art der Blutstillung bei der Abtragung der inneren Genitalien gehen bei den einzelnen Autoren die Benennungen: „praeventiv, temporär, provisorisch" einerseits, andererseits „definitiv, consecutiv" nebelhaft durcheinander, so dass im Sinne einer genauen Verständigung eine präcise Definition am Platze ist.

Eine Klemme, die durch eine Naht oder eine andere Klemme ersetzt wird, oder allgemein jedes Blutstillungsmittel, an dessen Stelle im Laufe der Operation ein anderes tritt oder das überhaupt wieder entfernt wird, ist als provisorisch oder temporär zu bezeichnen; der natürliche Gegensatz ist definitiv.

Diejenige Art der Blutstillung, die, wie bei Péan's Verfahren, der Freilegung der Theile vorausgeht, ist in Rücksicht darauf eine praeventive (primäre). Folgt sie der Freilegung und Stielung der zu exstirpirenden Organe, wie bei unserem Verfahren, ist sie als consecutive (secundäre) Blutstillung zu bezeichnen.

Aus dieser Definition folgt z. B., dass sowohl eine praeventive wie eine consecutive Blutstillung eine provisorische (temporäre) oder definitive sein kann.

Unstreitig kürzen sie die Operationsdauer ab. So sparen sie der häufig durch vorangegangene Blutungen geschwächten Kranken Blut und schränken die Aufnahme des Betäubungsmittels in wohlthätiger Weise ein. Weiter können die richtig angelegten Klemmen in gewissen Stadien der Operation durch Spreizung der Scheide an der Freilegung des Operationsfeldes mithelfen und bieten gute Handhaben für die Revision der Stiele. Wollte man etwa sich letztere durch Zug an langgelassenen Ligaturfäden sichtbar machen, so ist ein Entschlüpfen des versorgten Gewebes, also Blutung, zu fürchten, die dann schwer zu stillen ist. Ferner werden die Stümpfe durch das Eigengewicht der Klemmen in die Scheide heruntergezogen und intravaginal festgehalten. So wird ein Situs geschaffen, der für den erstrebenswerthen extraperitonealen Heilungsprocess nicht bloss die nothwendige Voraussetzung bildet, sondern ihn geradezu veranlasst. Wir werden diesen Punkt noch zu besprechen haben. Die Klemmen sind sodann Drainagemittel. Wie ein eingeschobenes Glasrohr oder ein Stück Gummischlauch, verhindern sie die primäre Verklebung der Wundränder und sind ein vorzügliches Gerüst für die aufsaugende Gaze, die in dem von ihnen geformten Mantel vor Compression und Verklebung geschützt wird und so ihre drainirende Wirkung voll zu entfalten vermag. Wenn die Drainage der gesetzten Wunden nach der Operation nicht entzündlicher Fälle, z. B. bei Myoma uteri, Methode der Wahl ist, so ist sie sicherlich nothwendig für alle entzündlichen resp. eitrigen Veränderungen, zumal für diejenigen Fälle, wo Theile von intra- oder extraperitonealen Abscessen, mit Darm oder Blasenwand Eins geworden, zurückbleiben müssen, oder für jauchende Carcinome.

In diesen letzteren Fällen aber kommt als ein ganz hervorragendes Unterstützungsmittel für den Erfolg der Operation die ertödtende, quetschende Wirkung der Klemmen hinzu, die sie über die Schnittlinie hinaus auf das zwischen ihren Branchen liegende Gewebe entwickeln. Was an Keimen in Blut- und Lymphbahnen der nur microscopisch afficirten Theile sich findet, wird durch den Druck zum Untergang gebracht.

Um möglichst breite dem Carcinom benachbarte Gewebsprovinzen zu vernichten, wäre es übrigens, wie unbedingt zuzugeben ist, ideal, an den Stellen andere Necrotisirungsmittel, z. B. den Thermocauter zu Hilfe zu nehmen, an denen man das Operationsgebiet nicht mit den keimtötenden Klemmenmäulern umziehen kann, also etwa an der hinteren Blasen- und der vorderen Mastdarmwand — wenn eben sich hier eine ununterbrochene, mehr als ganz oberflächliche Verschorfung ohne Schaden der Kranken erzielen liesse (Necrose von Blasen- und Mastdarmwand durch multiple Thrombosen!). Sonst ist der Thermocauter ohne Vortheil. Wenn man diesseits angelegter Klemmen die Ligamente absengt und dann die Klemmen entfernt, so ist nicht einzusehen, warum man den Gewebstod nicht durch die liegenbleibenden Klemmen selbst erzielen will, die zum mindesten um ihre eigene Breite weiter abtödten. Wenn man aber nach dem Abbrennen die Klemmen liegen lässt, so thut zur blossen Abtrennung jedes schneidende Instrument (Schere, Messer) denselben Dienst.

Ferner scheint es uns beim Nahtverfahren am krebsigen Uterus durchaus im Bereich der Möglichkeit zu liegen, dass die die Ligamente durchstechende Nadel von microscopisch afficirten Theilen Keimlinge nach anderen gesunden Gebieten transplantirt.

Wie man sieht, ist nach Alledem das Klemmverfahren mehr als eine besondere Blutstillungsart: es involvirt ausser der blutstillenden Wirkung eine grosse Reihe weiterer Eigenschaften, eine bestimmte Art der Drainage, der Wundheilung etc. Diese besonderen Qualitäten aber bedeuten so grosse Vorzüge vor der Nahtmethode, dass wir auch da, wo die Naht als Blutstillungsmittel leicht verwendbar wäre, von ihr zu Gunsten der Klemmen absehen.

Aber auch in diesem complexen Sinne verstanden, deckt sich das Klemmverfahren nicht mit unserem Extractionsverfahren. Es bildet immer nur einen Theil unserer Methode.

Wenn man aus der von uns hervorgehobenen Thatsache, dass bei vielen unserer Operationen in einem bestimmten Zeitpunkt, rein technisch gesprochen, die Naht angewendet werden kann[1]), ableitet, dass wir nunmehr reumüthig zur alten, allgemein üblichen Nahtmethode zurückgekehrt wären, oder zum mindesten dieselbe für gleichwerthig mit dem Klemmverfahren erachteten, so möchten wir das als ein rührendes Missverständniss bezeichnen. Unser Verfahren ist eben weder ein Naht- noch ein Klemmverfahren, sondern es ist ein Enucleationsverfahren, das die Auslösung und Entwickelung aller erkrankten inneren Genitalien in ihrer Totalität bezweckt und erreicht, und das als Schlussact das Klemmverfahren anschliesst, statt der zur Blutstillung allein ebenso practicablen Nahtmethode.

In der nur geringen Zahl der Fälle, in denen das Enucleationsverfahren, die primäre Entwickelung aller Theile, nicht angängig ist, ist selbstverständlich auch das übliche Nahtverfahren erst recht nicht möglich. Hier ist die „Klemmmethode" schon allein wegen der Blutstillung Methode des Zwanges. Hier bildet sie die unerlässliche Voraussetzung für die Ausführung der Operation überhaupt, also dann, wenn der Uterus durch seine Grösse, durch entzündliche Processe an ihm selbst oder den Anhängen direct oder indirect fixirt ist, d. h. wenn die Blutversorgungsgebiete in keiner Weise mobil zu machen sind. Wo man mit der

---

[1]) Th. Landau, Die Technik der vaginalen Radicaloperation. Dtsch. Medicinal-Zeitung. No. 72—74. 1894. Separat. S. 2.

alten Methode derartige Fälle vaginal zu operiren versuchte — eine gewisse Erleichterung sollten Hilfsoperation: Dammincisionen, die sacrale und parasacrale Methode u. dergl. bringen — war das Verfahren blutig, zeitraubend, ja, oft trotzdem unausführbar. Hier waren in Höhen Blutgefässe zu versorgen, an die mit der Umstechungsnadel heranzukommen und die mit der Ligatur zu umschnüren die grösste Schwierigkeit bot. Mussten doch von eifrigen Vorkämpfern der Naht „Nothklemmen" des Oefteren liegen gelassen werden!

Wir wollen ohne Weiteres zugeben, dass gewisse Fälle der genannten Art — grössere myomatöse Uteri und solche mit doppelseitigen entzündlichen Adnexaffectionen — sich, wenn auch mit Schwierigkeiten, vaginal mit der Naht entfernen lassen. Aber gerade die eine radicale Operation am ehesten herausfordernden Fälle von grossen durch Entzündungsproducte eingemauerten Uteris, von mächtigen Pyosalpinxsäcken mit intra- und extraperitonealen Abscessen, kurz, Fälle complicirter Beckenabscesse sind von der Möglichkeit der vaginalen Entfernung generell ausgeschlossen, wenn man sich nicht die durch die Klemmen gegebenen Vortheile zunutze macht, in Höhen fixirte Organe bei sicherer Blutstillung zu exstirpiren.

Also vermag die Naht bei dieser Kategorie im einzelnen Falle etwas zu leisten, die Klemmen ausnahmslos. Nicht in der Anwendung der Naht, sondern in der der Klemmen liegt demnach hier die Methode.

Wenn alle diese Ausführungen die Bedeutung des Klemmverfahrens etwas ausführlicher erläutern, so können wir die von den Gegnern erhobenen Einwände gegen dasselbe kürzer erledigen, und zwar wesentlich aus zwei Gesichtspunkten. Einmal durch den einfachen Hinweis auf die von uns in etwa 370 Fällen erzielten Resultate. Zweitens aber ist es in der That auffällig, dass alle Einwände nur von Solchen erhoben werden, welche die Methode nicht selbst ausüben, oder — was noch schlimmer ist — von Solchen, welche ohne Kenntniss der Technik und ohne genügendes Armamentarium derartige Operationen zu ihrer Kranken Schaden ein oder wenige Male versucht haben.

Nachblutungen und Nebenverletzungen bei Anwendung der Klemmen sind, zumal wenn man die Art und Schwere eines grossen Theils der von uns dieser Behandlung unterworfenen Fälle in Betracht zieht, sicherlich nicht häufiger als beim Nahtverfahren. Die weiteren Einwände der unsicheren Blutstillung intra operationem, der Gefahr der Embolie durch excessive Thrombenbildung, des Einreissens in die Ligamente etc. kann füglich eben nur der erheben, der die Methode nicht kennt, und wenn bei der Anwendung der Klemmen einige Gynäkologen viele oder nur Todesfälle oder sonstige Ungelegenheiten — bei kleinem Material — beobachtet haben, so können wir uns das schwer erklären. Aber ihre Misserfolge können die an grossen Operationsreihen gewonnenen vortrefflichen Ergebnisse und damit den Werth der Methode nicht in Frage stellen, ebenso wenig wie alle theoretischen Erwägungen. Denn Thatsachen sind stärker als Deductionen.

Kapitel II.
Nichtschluss der Bauchhöhle. Heilungsmechanismus.

Auf einen mit der Anwendung der Klemmen verknüpften Punkt wollen wir ausführlicher eingehen, nicht weil er von Unkundigen als Hauptargument gegen das „Klemmverfahren" geltend gemacht wird, sondern weil er eine der wesentlichen nützlichen Eigenschaften der Methode ausmacht: dass nämlich beim „Klemmverfahren" der exacte Schluss der Peritonealhöhle, der bei der Ligaturmethode in Befürchtung der septischen Infection des Bauchfells durch die Naht vollzogen wird, unterlassen werden muss. Gerade hierin sehen wir einen ganz besonderen Vortheil der Klemmen, der vornehmlich bei der Operation der entzündlichen, eitrigen oder jauchigen Affectionen an Uterus und Anhängen zu Tage tritt. Ja, wir sehen den Nichtverschluss der Bauchhöhle so wenig als einen schwachen Punkt bei der Anwendung der Klemmen an, dass wir auch da, wo wir z. B. nach der geistvollen Methode Doyen's den myomatösen Uterus auf abdominalem Wege mit der Naht exstirpiren, die Bauchhöhle von der „gefährlichen" Scheide nicht abschliessen — übrigens im Gegensatz zu Doyen selbst. Die günstigen, vielleicht verblüffenden Ergebnisse bei dieser bewussten Unterlassung hier wie dort beruhen darauf, dass das offengelassene Peritoneum in heilsamster Weise sich selbst schliesst, und zwar schnell, an der richtigsten Stelle.

Während die ligierten entzündeten Stümpfe, in den Wundtrichter eingenäht, theilweise mit dem Peritoneum in Berührung sind und während der ganzen Wundheilung bleiben, also eine ideale extraperitoneale Lagerung schwer erreichbar ist, wird der Wundverlauf durch die Anwendung der Klemmen in ganz andere Wege geleitet.

Alle Stümpfe, auch die höchstgelegenen Partieen am Ligamentum infundibulo-pelvicum, werden durch das Schwergewicht und den Zug der Klemmen in die Scheide invertirt, die Stiele nicht bloss extraperitoneal, sondern intravaginal geleitet, ähnlich wie früher durch Klammern der Stiel nach der Ovariotomie extraperitoneal gelagert wurde; freilich dort an einen topographisch widersinnigen Ort. Und zwar bleibt diese Lage eine definitive, da durch den mindestens 24 stündigen Zug der Klemmen die Elasticitätsverhältnisse soweit geändert sind, dass die Stümpfe nicht mehr in den intraperitonealen Bereich zurückweichen, selbst wenn Theile der Ligamenta infundibulo-pelvica bei der Stielbildung in Frage kommen.

Der über die Pincenspitzen hinausgeschobene Mull, der das ganze Wundgebiet bedeckt, bildet ein starkes Reizmittel für die in seinem Umkreis schnell erfolgenden peritonitischen Verklebungen, und insofern er eine bestimmte Reihe von Tagen in dieser Lage verharrt, unterhält er weiterhin die plastische Tendenz des Peritoneums. Damit ist aber einmal sehr schnell der Bauchfellsack geschlossen, die Wundhöhle aus seinem Bereich ausgeschaltet und in den der Scheide gerückt, und sodann liegt der neugebildete Verschluss des Peritoneums an der richtigen Stelle, d. h. über dem Niveau der sich reinigenden Wunde. Rechnet man hierzu die drainirende Wirkung der Klemmen und des Mulls, weiter die Thatsache, dass die Secrete und demarkirten Partikel in der Scheide einen natürlichen, ungefährlichen Abflusscanal haben, so wird man anerkennen müssen, dass alle Bedingungen einer offenen Wundbehandlung, die für die entzündlichen und eitrigen Erkrankungen allein geeignet erscheinen muss, in ausreichender Weise gegeben sind und der wirksamste Schutz vor Sepsis und Retention erreicht ist. Dieser Selbstschutz des Bauchfells bei Anwendung der Klemmen und der Mulldrainage ist so stark, dass er die Nachbehandlung so gut wie auf Null reducirt. Die erst am sechsten Tage post operationem von uns angewendeten Scheidenspülungen mit indifferenten Lösungen haben wesentlich den Zweck der mechanischen Herausschaffung von Fetzen und Secreten.

Man unterschätze übrigens auch nicht, welche grosse Sicherheit für die Wahrnehmung etwaiger Nachblutungen aus den Stümpfen durch das Offenlassen der Peritonealhöhle gewährt ist. Eine Blutung wird in jedem Zeitpunkte nach der Operation nach aussen sich manifestiren. Beim Verschluss der Bauchhöhle hingegen können Hämorrhagieen aus den über die Verschlussnaht zurückschlüpfenden Stumpfparticeen den Verblutungstod in insidiöser Weise bewirken.

Die trotz des Nichtschlusses der Peritonealhöhle und trotz der negativen Nachbehandlung erzielten Erfolge selbst bei den ausgedehntesten eitrigen Erkrankungen könnten den Gedanken nahelegen, wir hätten es immer mit sterilem Eiter und nicht mehr virulenten Entzündungserregern zu thun gehabt. Demgegenüber ist zu betonen, dass ein grosser Theil der Kranken kurz vor der Operation oder zur Zeit des Eingriffes hoch fieberte; ebenso dass einige Male bei der Operation Betheiligte an ihren eigenen Händen die Infectiosität des Eiters erproben mussten. Endlich ist die weitere Erfahrung hinzuzufügen, dass in einigen eitrigen Fällen, wo die secundäre Laparotomie unmittelbar an das vaginale Verfahren sich anschliessen musste, hier und da trotz aller Cautelen Bauchdeckenabscesse zur Beobachtung kamen. Diesen Impfungen von Mensch auf Mensch ist betreffs der vollen Virulenz der Eitererreger gewiss keine geringere Bedeutung beizumessen, als der Cultur und dem Thierversuch.

Wie unser Verfahren des Nichtschlusses der gesetzten Wunden trotz infectiöser Keime post operationem einen ausgezeichneten Selbstschutz in sich schliesst, so ist es wiederum das Verfahren, das ohne besondere Spülungen und Desinficientien auch intra operationem eine Ansteckungsgefahr für die Wundumgebung und speciell das Bauchfell abhält. Denn uns leitet in jedem Augenblicke der Operation die Tendenz, das zurückbleibende Bauchfell, das speciell vorn und hinten in breiten abgelösten Flächen über dem Wundtrichter liegt, nicht zu berühren. Eitrige und jauchige Flüssigkeiten fliessen aus dem Scheidentrichter sofort nach aussen, und vor Allem werden bei der Operation alle Wundflächen, welche für die Ansiedelung und Ausbreitung der Eitererreger wesentlich in Frage kämen, in mechanisch sicherer Weise aus dem Kreislauf ausgeschaltet: wird auch durch die Ausschneidung des Erkrankten eine grosse Zahl von Lymph- und Blutgefässen eröffnet, in welche die gefährlichen Erreger vielleicht unmittelbar inoculirt werden, so werden doch die gesetzten Impfstellen unmittelbar unschädlich gemacht, und zwar durch nichts Anderes als die die ganze Breite des Ligaments zwischen ihren Mäulern abklemmenden Pincen. Die allein für die Blutstillung berechnete Naht würde diesem Zweck der totalen Abschnürung des ganzen Ligamentes im Einzelfalle erst anzupassen sein. Auch nach der Abnahme der Instrumente vermag diese heilsame Schutzvorrichtung von ihrer Wirksamkeit Nichts einzubüssen.

Sowohl die im Ligamentum cardinale (Kocks) mit der Arteria uterina verlaufenden und seitlich an den Mutterhals herantretenden grossen Lymphröhren wie die Lymphgefässe im Ligamentum rotundum und in den höheren Partieen des Mutterbandes werden durch die Zangenmäuler verschlossen. Nicht mit Klemmen versorgt wird allein das antecervicale und in gewissen Fällen das retrocervicale Gewebe. Aus dem Fehlen von Eiterungen und phlegmonösen Entzündungen, die von hier präperitoneal in das Cavum Retzii oder retroperitoneal sich fortsetzen, wird man a posteriori auf die geringe Bedeutung dieser Gewebspartien für die Entwicklung secundärer Infectionen schliessen müssen.

Nach Alledem kann durch die Art unserer vaginalen Exstirpationsmethode trotz der Anwesenheit vollvirulenter Keime weder intra noch post operationem eine locale oder allgemeine eitrige oder septische Infection zustande kommen.

Es erübrigt, mit einigen Worten auf die anatomischen Vorgänge einzugehen, die sich bei dem Selbstverschluss des Peritoneums abspielen. Freilich sind wir in diesem Punkte wesentlich auf Combinationen angewiesen, da wir Todesfälle, wenigstens solche, welche über diesen Punkt sichere Auskunft geben könnten, nicht erlebt haben. Wesentlich handelt es sich bei dem Abschlussprocess darum, dass die Serosa von Darmschlingen oder des Netzes über dem eingeführten Mullstreifen verklebt, oder aber, dass der vorn vom Uterus gelöste, oft sehr breite Peritoneallappen mit dem Peritonealüberzug an der Mastdarmoberfläche verbäckt. Dass es trotz der wahrscheinlichen Häufigkeit des ersteren Modus dennoch nicht zu irgendwie erheblichen oder gar verderblichen Darmstörungen kommt, dürfen wir nach der Beobachtung unserer Operirten, und zwar über viele Jahre hinaus, behaupten. Wahrscheinlich erfolgen bei den peristaltischen Darmbewegungen, die bei dem vaginalen Operationsmodus eine viel geringere Störung erfahren als bei jeder Laparotomie von den Bauchdecken aus, sehr bald Dehnungen oder Lösungen der eben entstandenen frischen Darmverklebungen.

Die Vorstellung, dass der peritoneale Abschluss etwa so zustande käme, dass die durch die Klemmen zu einem Trichter in die Scheide invertirten Flächen der Ligamenta lata mit einander primär verkleben, können wir nicht als richtig anerkennen, da sie sich dort nur mit ihren medialen, geklemmten und necrotisirten Gebieten aneinanderlegen.

Der definitive Verschluss der Wunde im Scheidengrunde unter der sicher schützenden Decke des längst verklebten Bauchfells ist eine typische Wundheilung per secundam, die durch die Massigkeit und Saftigkeit des paracervicalen Gewebes begünstigt wird.

Dem Bedenken, dass in dem Nichtverschluss der Bauchhöhle bei der Operation eine Ursache für Darmvorfall und Darmeinklemmung läge, zumal bei Erbrechen nach der Narcose, steht die Thatsache gegenüber, dass wir in unseren gesammten Fällen nur ein einziges Mal einen derartigen Einklemmungsileus beobachtet haben. Hier war eine Patientin am vierten Tage post operationem Nachts hinter dem Rücken der Wärterin aufgestanden und hatte sich im Zimmer umherbewegt[1]). Die Folge war Darmeinklemmung, Ileus, Tod. Man kann diesen Exitus nicht auf die Methode abwälzen.

Erklärlich ist das Ausbleiben des Darmvorfalls durch die Kürze des Mesenteriums, die dem Darm nur eine geringe Excursion nach dem Beckenausgang gestattet. Ausserdem wird der Prolaps durch die vordere Scheidenwand behindert, welche mitsammt dem Bauchfelllappen durch einen entsprechenden Mullstreifen (s. u.) wie eine Schutzwehr über die Pincen glatt hinaufgelagert wird.

---

[1]) L. Landau, Die Behandlung des Gebärmutterkrebses. Berl. klin. Wochenschr. No. 10. S. 181. 1888.

Kapitel III.

Das Morcellement.

Wie bei einer Reihe von Fällen vaginaler Exstirpation das Ligaturverfahren versagt und die Anwendung der Klemmen allein schon das Indicationsgebiet um die Zahl dieser Fälle erweitert, kommt als ein zweites in diesem Sinne wirksames Moment, wie schon erwähnt, das Princip der Zerschneidung hinzu: das „Morcellement" im weitesten Sinne des Wortes.

Zweck und Ziel dieses Vorgehens, das überall angewendet wird, wo die Auslösung der Theile und die Stielbildung nicht in toto erfolgen kann, ist, immer mit Hilfe des Gesichtssinnes, entweder durch Zerschneidung die Organe selbst für den Durchgang durch die Scheide genügend zu verkleinern, oder durch die Hinwegnahme von Stücken Platz zu schaffen, um mit dem Finger oder durch fortgesetzte Verkleinerung weitere zu eliminirende Theile auszulösen und durch das geschaffene Loch zu extrahiren. Die zerschneidenden Verfahren sind also in erster Reihe Hilfsverfahren und werden nur da zu ausschliesslichen Methoden, wo in keinem Augenblick der Operation sich die noch restirenden unverkleinerten Theile als Ganzes auslösen lassen. In der erstgenannten Hinsicht sind es wesentlich grosse Fibroide der Gebärmutter, in zweiter Beziehung schwere entzündliche resp. eitrige, den Uterus ummauernde Adnexgeschwülste und Entzündungen im Beckenbauchfell mit Fixation des Organs, die zerschneidende Verfahren am Uterus erheischen, soweit eben überhaupt eine radicale Operation in Frage kommt.

In die letztere Kategorie gehören auch die Fälle, in denen die Entwicklung des Uterus im Ganzen wegen der Brüchigkeit und mürben Beschaffenheit des Myometriums unmöglich ist. Das sind im wesentlichen Uteri in puerperaler Involution (complicirte Beckenabscesse post partum oder abortum) oder gewisse metritische Gebärmütter mit starker ödematöser Durchtränkung und zelliger Infiltration.

Man wird also in technischer Beziehung durch die Anwendung des Morcellements dreier Widerstände Herr: entweder der Grösse der auszuschneidenden Theile, die ihren Durchgang durch den Beckenausgang hindert, oder ihrer Fixation, die das Herunterziehen nach dem Beckenausgang zu und damit das Hinaufgelangen an höhere Uterustheile und die Anhänge unmöglich macht; dabei kann die Fixation eine directe (Perimetritis) oder indirekte (Adnexerkrankung) sein. Drittens überwindet das Morcellement eine grosse Brüchigkeit und Zerreisslichkeit des Gebärmutterparenchyms. Natürlich können die Schwierigkeiten sich in der Weise häufen, dass es sich sowohl um abnorme Grösse des Uterus mit direkter oder indirekter Fixation oder um Combination der Fixation mit Erweichungszuständen handelt.

Eine wesentliche Bedeutung der zerschneidenden Operationsweisen liegt auch in gewissem Sinne nach der prophylactischen Seite hin: sie gestatten nämlich, sowohl vergrösserte wie fixirte oder vergrösserte und fixirte Uteri — zumal unter Beihülfe der Klemmen — über die Grenzen der Indicationen des allgemein üblichen Czerny'schen Verfahrens hinaus zu exstirpiren. Damit schränken sie alle, die letztgenannte Methode ergänzenden Hilfsoperationen ein oder machen sie geradezu überflüssig, z. B. die sacralen und parasacralen Methoden, die Schuchardt'sche Operation, die Scheidendammincisionen — ehrwürdigsten Alters —, die Laparotomie. Es kann für die Kranken nur von Vortheil sein, wenn man bei der vaginalen Exstirpation weitere meist gefährliche und fast immer eingreifende Verletzungen anderer Theile vermeidet. Schon rein technisch gesprochen, ist eigentlich nicht einzusehen, weshalb man entgegen dem sonstigen Bestreben, überall Nebenverletzungen nach Möglichkeit zu vermeiden, diesen gerade hier unnöthig einen weiten Spielraum giebt. Wer Schlagworte liebt, könnte letzteres Vorgehen als „unchirurgisch" bezeichnen.

Als Unterstützungsmittel zerschneidender Operationen bei indirekten Gebärmutterfixationen durch Flüssigkeitsansammlungen (serösen, eitrigen oder blutigen Inhalts) in den Anhängen oder in intra- und extraperitonealen Abkapselungen kommt naturgemäss intra operationem die Entleerung derselben nach der Scheide durch breite Eröffnung in Betracht.

Kapitel IV.
Eintheilung, Mechanismus und Ausführung der zerschneidenden Methoden.

Die zerschneidenden Verfahren am Uterus scheiden wir in zwei grosse von einander zu trennende Gruppen: erstens in die das Organ eröffnenden, zweitens in die zerstückelnden, „morcellirenden" im eigentlichen Sinn. Wir verstehen unter eröffnenden Methoden diejenigen, bei denen der Uterus in der Sagittallinie nur an der einen (vorderen oder hinteren) Wand oder an beiden, d. h. in seiner Totalität aufgeschnitten und so im letzteren Falle in symmetrische Hälften zerlegt wird. Unter zerstückelnden Verfahren oder „Morcellement" verstehen wir diejenigen, bei denen das Organ in einzelne Stücke zerlegt und extrahirt wird. Dabei können die Schnittführung und die so gewonnenen Partikel eine gewisse Regelmässigkeit aufweisen oder ganz unregelmässige Contourlinien und Körper bilden: es ist demnach eine regelmässige Zerstückelung von einer unregelmässigen abzutrennen.

Der Sinn aller dieser zerschneidenden Operationsverfahren ist, wie gesagt, durch Mobilisirung oder Hinwegräumung hindernder Gewebstheile Platz zu schaffen, bis zu dem Punkte, dass schliesslich die nunmehr verkleinerten oder beweglich gewordenen Theile sich in toto entwickeln und stielen lassen. Diese Operationen sind somit in der Regel Nichts als Hilfsoperationen. Sie sind reine Verfahren nur da, wo sich trotz der Zerschneidung bis zum Ende der Operation die Entwicklung und Stielung der noch übrigen Theile nicht erreichen lässt. Hier also ist die ganze Operation eine continuirliche Zerstückelung.

Bei der Spaltung allein der vorderen oder hinteren Wand in der Medianlinie wird der durch seine Dicke (Myome) oder durch perimetritische Spangen oder durch die veränderten Adnexe fixirte Uterus ausgebreitet. Er wird aufgerollt wie ein Hohlcylinder nach einem Verticalschnitt und dadurch in seinem Dickenvolumen erheblich reducirt.

Diese Sagittalspaltung einer Uteruswand genügt oft, um entweder den vorher für den Durchgang durch die Scheide zu voluminösen, durch Grösse fixirten Körper in genügender Weise abzuplatten und so zu mobilisiren, oder um in die vorher durch den fixirten Uterus wie durch einen festen Spund verschlossene Beckenbauchhöhle den Eingang freizumachen. Denn die „Aufrollung" des Organs durch den Sagittalschnitt schafft eine Bresche oder vielmehr einen Canal, durch den nunmehr ein oder zwei Finger über den Fundus hinweg in den Raum des kleinen Beckens eindringen können, um hier die Beweglichkeit durch Lösung perimetritischer Adhäsionen oder durch Eröffnung cystischer Flüssigkeitssammlungen oder Auslösung fixirender Anhangstheile zu erreichen. Sind an der Fixation wesentlich entzündliche Produkte in der Umgebung von Tuben und Ovarien betheiligt, die den Uterus beiderseits an den Tubenecken und Seitenkanten mit starker Spannung in situ erhalten, so wirkt die sagittale Eröffnung nicht blos raumgebend durch Aufrollung und Entfaltung des Organs, sondern sie **mobilisirt das Organ auch durch Verminderung des starken Zuges**: in jedem Punkte des Uterus wird durch die Aufschneidung der Wand der nach der Medianlinie gerichtete Zug entsprechend herabgemindert.

Es liegt auf der Hand, dass die totale Medianspaltung des Organs, d. h. die einfache Fortsetzung des an der vorderen oder hinteren Wand angelegten Schnittes über den Fundus hinaus auf die andere Wand, die Vortheile des einfachen Schnittes zum mindesten verdoppeln muss. Bei diesem Verfahren, das wesentlich für die Auslösung schwer entzündlich-veränderter fixirter Adnexe in Frage kommt, wird durch die absolute Aufhebung des nach der Medianlinie gerichteten Zuges eine breite klaffende Lücke geschaffen.

Keine principielle, sondern nur eine graduelle Verschiedenheit von den eben genannten „eröffnenden" Methoden bieten diejenigen, die wir unter dem Namen „zerstückelnde" zusammenfassen. Sie sind dann am Platz, wenn in toto entwickelnde oder eröffnende Verfahren von Haus aus aussichtslos erscheinen oder sich während der Operation als unausführbar erweisen.

Oft genug kann man sich durch das Morcelliren — wie übrigens auch durch eine eröffnende Operation — als Methode der Wahl grosse Vortheile erwirken, sofern Incisionen von Damm und Scheide umgangen und alle zu exstirpirenden Theile der Reihe nach für das Auge freigelegt werden.

Methode des Zwanges ist das Morcellement, wenn neben doppelseitiger Pyosalpinx oder Ovarialabscessen oder sonstigen intra- und extraperitonealen Abscessen breite harte pelviperitonitische Schwielen vorhanden sind, die den hinteren Douglas obliteriren und sich massig nach dem Beckengrund erstrecken. Hier wäre die blosse sagittale Durchschneidung des Uterus in keiner Weise ausreichend. Denn die rechts und links fixirten Uterushälften weichen dann nicht elastisch nach den Seiten, sondern bleiben, von Schwielen ummauert, ein Hinderniss, um an die veränderten Anhänge heranzukommen. Die blosse schwere directe oder indirecte Fixation des Uterus ohne jede Vergrösserung des Organs erfordert oft schon allein die Entwickelung in situ durch das Morcellement.

Ferner ist man zu morcelliren genöthigt, wenn die von eitrigen Abkapselungen umgebenen Uteri durch entzündlich-ödematöse Durchtränkung, Auflockerung und Zellinfiltration abnorm zerreisslich sind, oder eine puerperale Subinvolution die Weichheit und Mürbheit des Gewebes bedingt. Ein etwas stärkeres Anziehen der Muzeux's führt hier bereits zu Continuitätstrennungen und Blutungen.

Dann aber drängen endlich die zerstückelnden Methoden sich von selbst in Fällen auf, in denen der Uterus einfach aufgeschnitten oder median durchschnitten die natürlichen Geburtswege nicht passiren kann, also bei Vergrösserung der Gebärmutter durch Tumoren, speciell Fibroide. Es gelingt — mit mehr Mühe für den Operateur, als Gefahr für die Kranke — auf dem Wege der vaginalen Zerstückelung bis zum Nabel reichende Myome plus Uterus vaginal zu entwickeln.

Man lasse sich übrigens bei der Prüfung der Motilität des Uterus nicht täuschen: derselbe scheint mitunter beim Anziehen der Portio tiefer nach der Scheide zu treten, aber nur, weil die elastischen Bestandtheile des Mutterhalses ausgereckt werden, während das durch Grösse oder Schwarten fixirte Corpus unverrückt in seiner Situation verharrt.

Die Mechanik der zerstückelnden Methoden ist mit der gewisser geburtshülflicher Maassnahmen durchaus in Parallele zu stellen. Wo man ein totes Kind per vias naturales entwickeln kann, wird man den unnatürlichen Weg des Kaiserschnittes vermeiden. Denn man wird vorziehen, ohne Nebenverletzungen zu setzen, nur an den Theilen zu arbeiten, die aus dem Körper eliminirt werden müssen, und möglichst das unberührt zu lassen, was zurückbleibt. Völlig gleichgültig ist, in welchem Zustande der Leichnam eines Foetus den natürlichen Weg passirt, ob in toto mit perforirtem Kopf oder in Einzelstücken und Fetzen nach der Embryotomie.

Was aber die Perforation etwa beim Hydrocephalus oder die Embryotomie des todten Kindes bei engem Becken schafft, dasselbe erreicht das Morcellement durch die Verkleinerung des massigen Geschwulstmaterials. Auch dabei wird nur, und zwar auf dem von der Natur gezeigten Wege, an den Stücken manipulirt, die aus dem Körper eliminirt und um jeden Preis geopfert werden müssen. Für die Art und Weise der Verkleinerung aber kommen auch dabei nicht ästhetische Rücksichten in Frage, sondern allein und ausschliesslich die Sorge für das Wohl der Kranken.

Es ist oft erstaunlich, aber doch im Hinblick auf ähnliche Verhältnisse in der Geburtshülfe verständlich, wie die Excision nur kleiner Theile oder Stücke die vorher am Eintritt in den Beckencanal durch ihr Volumen absolut behinderten Myome für diesen Weg passrecht macht. Genügt doch eine um einen Centimeter zu enge Conjugata, um den normalen Geburtsverlauf unmöglich zu machen; und genügt doch auf der anderen Seite eine entsprechende geringe Verschiebung der Grössenverhältnisse für die bequeme Geburt per vias naturales.

Während bei den zerstückelnden Methoden der Geburtshilfe, besonders der Embryotomie, ein unregelmässiges Vorgehen nöthig ist, haben die zerstückelnden Methoden der vaginalen Radicaloperation eine solche Ausbildung erfahren, dass wir regelmässige und unregelmässige Zerstückelungsverfahren unterscheiden können. Diese oder jene sind am Platze nach den mehr oder weniger symmetrischen Verhältnissen des Einzelfalles: so wird man bei nicht vergrössertem median gelagerten Uterus die regelmässige geometrische Zerstückelung Péan's anwenden, bei symmetrisch gleichmässiger Vergrösserung im Breitendurchmesser die V-, Y- und Scheibenschnitte, bei ganz unregelmässigem knolligen Contour sich dagegen den Verhältnissen des Falles in individueller Form anpassen. Unter die unregelmässige Art der Verkleinerung rechnet auch die Enucleation von Geschwülsten, speciell von Myomen, mit Spaltung ihrer Kapsel, oder bei Stielung derselben die einfache Abtragung.

Bei der unregelmässigen Zerstückelung sind entweder aus der zu verkleinernden Masse heraus Theile auszuschneiden: so unterminirt man, centrifugal fortschreitend, den Geschwulstmantel, oder aber man schneidet von der freigelegten Peripherie aus keilförmige Breschen und Gänge in die Substanz hinein. Immer aber ist die Gestalt der herausgearbeiteten Keile und Flötze eine unregelmässige, wechselnde.

Gemeinsam allen Zerstückelungsverfahren aber ist in jedem Augenblick der Operation die Verfolgung des wesentlichen Zieles aller vaginalen Exstirpationsmethoden: die primäre Freilegung der kranken Organe und Stielbildung.

Wie man bei der Embryotomie nur so lange zerstückelt, bis die räumlichen Missverhältnisse ausgeglichen sind, also der Rest der Frucht im Ganzen entwickelt werden kann, ebenso geschieht dies bei der vaginalen Radicaloperation nur solange, bis die kranken Theile für die Auslösung im Ganzen und für die Zurechtlegung von Stielen geeignet sind.

Das Morcellement ist eben möglichst nur Hilfsoperation, und in diesem Betracht kommt das werthvolle Mittel nicht bloss für die vaginale Extraction von Gebärmuttergeschwülsten, sondern auch für interligamentäre Fibroide oder für voluminöse Adnextumoren (z. B. Ovarialfibrome) in Anwendung.

Kapitel V.
Die zerschneidenden Methoden und die Blutstillung.

Wie werden wir, so wird man fragen, bei diesen zerschneidenden Eingriffen der Blutung Herr? Liegen nicht hier grosse Schwierigkeiten und Gefahren? Keineswegs! Wir können umgekehrt sagen, dass wir bei den meisten der zerschneidenden Verfahren die Blutstillung intra operationem so sehr vernachlässigen können, dass wir in gefahrloser und ausgiebiger Weise unserm Princip der primären Entwickelung und Stielung aller Theile bei secundärer Blutstillung genügen. Die Blutstillung während der Operation geschieht allein durch Zug und Druck der Muzeux's.

Die anatomischen Thatsachen, die dieses Vorgehen möglich machen, sind im Wesentlichen, dass die grossen, die Gebärmutter und ihre Anhänge versorgenden Hauptarterien, die Arteriae uterinae und spermaticae, und die entsprechenden Venenstämme allein längs der Seitenkanten des Uterus zu treffen sind; dass irgendwie nennenswerthe Gefässe weder an der Vorder- noch an der Hinterfläche im parauterinen Gewebe sich verästeln und vor Allem, dass die in das Organ eintretenden Stämme nach der Mittellinie zu eine sehr rasche Verschmächtigung und Auflösung erfahren. So sind die medialen Gefässprovinzen nur dürftig, die Sagittalebene des Uterus selbst aber so wenig vascularisirt wie etwa die Linea alba der Bauchdecken. Das gleiche Verhältniss rasch verminderter Vascularisation besteht mutatis mutandis bei den Geschwülsten des Uterus: die grossen arteriellen und venösen Gefässe, die vom Kapselgewebe aus sich verästeln, erfahren nach dem Centrum des Tumors zu eine rasche Auflösung. Der Operateur, der das Organ in der Mittellinie ganz oder theilweise spaltet, braucht mithin keine nennenswerthe Blutung zu fürchten; denn er vermeidet die allein gefährlichen Seitenpartien, ebenso wie bei den zerstückelnden Verfahren möglichst im Centrum der Tumoren zu arbeiten ist. Man braucht sogar nicht einmal beim Morcellement des Uterus ängstlich die Mittellinie zu hüten, sondern darf selbst verhältnissmässig weit lateralwärts gehen, wenn nur immer an den Theilen, die bereits entwickelt und geboren sind, ein genügend starker Zug mit Muzeux's ausgeübt wird, um etwaige kleinere Gefässlumina durch Dehnung oder Compression zu verschliessen. Es ist oft überraschend zu sehen, wie man trotz ausgiebiger Zerstückelung und Verkleinerung geradezu „au blanc" operirt, ohne der Anlegung präventiver (primärer) Klemmen zu bedürfen, allein unterstützt durch die ziehenden und drückenden Muzeux's.

Von diesem Gesichtspunkt aus spielen die Muzeux's ausser ihrer Eigenschaft als Greifzangen eine ganz hervorragende Rolle als Blutstillungsmittel; ja, sie sind oft die einzigen während der ganzen Operation.

Umgekehrt wird da, wo das zerschneidende Verfahren von vornherein es erfordert, an die Seitentheile des Organs heranzugehen, wo Stücke der Uterussubstanz bis in diese gefässreichen Territorien hinein exstirpirt werden müssen, der Zug der Klauenzangen nicht gut ausreichen. Und darum wird in diesen Fällen die Blutung präventiv gestillt. Es sind das wesentlich diejenigen, in denen die Gebärmutter durch directe (perimetritische) oder indirecte schwere Fixation immobil ist und trotz aller Maassnahmen zunächst nicht mobil wird; oder es sind Fälle von Unbeweglichkeit infolge Grösse des Organs, in denen erst nach und durch Abtrennung von Theilen bis in das Ligamentum latum hinein Beweglichkeit der übrigen Particen zu erzielen ist. Hier ist die präventive Blutversorgung Methode des Zwanges und bleibt es nicht selten bis zum Abschluss der Operation. Behauptet Jemand, dass er bei der vaginalen Exstirpation immer ohne präventive (primäre) Blutstillung auskomme, so beweist er damit nur, dass er eine Reihe von Fällen der vaginalen Operationsweise nicht unterwirft, die Péan, Segond und Andere von der Scheide aus in Angriff nehmen.

Die zerschneidende Methode schafft in allen solchen Fällen zwar Raum für weitere Vornahmen, gestattet aber nicht, die Theile von Anfang an continuirlich fortschreitend zu mobilisiren und zu stielen: es muss darum stets die Blutstillung mittelst Klemmen der Abtragung voraufgehen.

In allen anderen Fällen, in denen die zerschneidenden Verfahren neben der Raumgewinnung die Beweglichkeit erreichen, ohne dass man nöthig hätte, bis in das Mutterband hinein zu schneiden, wo somit immer höher gelegene Theile unter fortschreitender Stielung herabgeleitet werden, wird die Blutstillung principiell als Endact der Operation vorgenommen, und zwar mit Naht oder Klemmen, je nach Wahl. Also in den allermeisten Fällen bei eröffnenden Methoden und bei vielen zerstückelnden; ferner aber ganz allgemein bei allen zerschneidenden Operationen mit praeventiver Abklemmung von dem Moment an, wenn im Verlauf der Operation die Möglichkeit eintritt, die noch übrigen Theile primär zu entwickeln.

Aus alledem folgt, dass „zerstückelnde" Methode und Klemmen so wenig Correlativa sind, wie Zerstückelung und praeventive Blutstillung.

In demselben Sinne folgt daraus für das vaginale Morcellement der Myome der Satz, dass hier, wie keine bestimmte Art der Zerstückelung, so auch keine bestimmte Art der Blutstillung (präventive oder consecutive) von vornherein als Regel zu erachten ist.

Kapitel VI.
Unsere Eintheilung der Einzelverfahren der vaginalen Radicaloperation.
Topographisch-anatomische Indicationsstellung.

Für die folgende Schilderung der speciellen Technik der vaginalen Radicaloperation unterscheiden wir folgende Gruppen:

A. Entfernung der Theile ohne Zerschneidung des Uterus:
    a) beim mobilen Uterus;
    b) beim fixirten Uterus;

B. Entfernung der Theile mit Zerschneidung des Uterus (zerschneidende Methoden):
    a) eröffnende Verfahren:
        1. mit medianer Aufschneidung einer Wand;
        2. mit totaler medianer Spaltung;
    b) zerstückelnde Verfahren (Morcellement):
        1. regelmässig zerstückelnde:
            α) V- und Y schnitte, Scheibenschnitte;
            β) bilaterale Aufschneidung mit horizontaler Abtragung;
        2. unregelmässig zerstückelnde:
            α) bei nicht vergrössertem Uterus;
            β) bei vergrössertem Uterus.

Ist für diese Eintheilung der Einzelverfahren der vaginalen Radicaloperation als Princip auch die operative Behandlung der Gebärmutter gewählt, so erschliessen und bezwecken die zu schildernden Verfahren dennoch, in jedem Falle auch die Adnexe auszulösen, ja, der Zustand der Adnexe dictirt oft genug gerade diese oder jene Art der Uterusausrottung.

Darum eben sind die genannten Kategorieen nicht willkürlich gewählte, sondern ergeben sich je nach dem anatomischen Verhalten des Falles. Freilich nicht im eigentlich pathologisch-anatomischen Sinne, so dass jedesmal ein bestimmter pathologisch-anatomischer Process mit einer der genannten Methoden correspondirt. Sondern das Verfahren richtet sich im Wesentlichen nach den topographisch-anatomischen, mechanischen Bedingungen, nach Grösse und Fixation des Uterus sammt seinen Anhängen, als Ganzes betrachtet, gleichviel ob es sich um Myome, doppelseitige Pyosalpinx etc. handelt; auch ist es gleichgiltig, ob die Fixation durch parametrane Schrumpfungsprocesse, intraperitoneale Verwachsungsschwarten oder den Uterus einmauernde Adnexgeschwülste bedingt ist.

Sonach erübrigt sich eine Eintheilung nach pathologisch-anatomischen Einzelindicationen, die nur zu Wiederholungen führen müsste. Vielmehr werden umgekehrt einheitliche operative Vorgehen für so viele in Ursache und Sitz differente anatomische Zustände nothwendig.

Mitunter kann der Fall durch seine speciellen Verhältnisse auch Uebergänge und Combinationen der zu schildernden Methoden erheischen: dann werden „gemischte" Verfahren nothwendig. Hierher gehört z. B. unregelmässiges Morcellement des unteren Uterussegments und sagittale Totalspaltung des Organrestes. —

Wer die in Folgendem geschilderten Exstirpationsverfahren zergliedert und in Etappen auflöst, muss die Berechtigung der Eingangs aufgestellten Behauptung anerkennen, dass man diese in ihrem Endeffect radicalste aller Methoden dennoch in ihrem Verlauf zu einer conservativen zwanglos zu gestalten vermag.

Die technische Ausführung derselben schliesst ganz natürlich auch die Möglichkeit der Ausführung aller jener obengenannten Tochterverfahren in sich.

B. Specielle Technik.

Kapitel I.
Vorbereitung der Kranken, Narcose, Assistenz etc.

Vorbereitungen.

Die Vorbereitung der Kranken weicht von der sonst für grössere Operationen üblichen in keinem Punkte ab. Man achte auf gründliche Entleerung des Darms durch Ricinusöl und Darmirrigationen, letztere einige Stunden vor der Operation; peinliche Reinigung (Rasiren der Schamhaare, womöglich Tags vorher), Vollbad, locale Desinfection des gesammten Operationsgebietes und seiner Nachbarschaft: Vulva, Vagina, Collum, Oberschenkel, Unterbauch.

Wiewohl wir bei der Reinigung ante operationem Antiseptica (Alcohol, Sublimat 1:1000) anwenden, so legen wir dennoch auf die mechanische Reinigung durch gründliches Abseifen mittelst einer Bürste das Hauptgewicht. Bei Carcinomoperationen stinkende und jauchende Massen ante operationem gründlich zu entfernen, ist wegen einer dabei möglichen Implantation noch lebensfrischer Krebspartikel gefährlich. Mit dem Bestreben, hier radical zu verfahren, wächst sogar in gleichem Maasse die Gefahr der Impfung.

Die Kranke geht zur Operation in reinem kurzen Hemd und langen weissen Strümpfen. Sobald die Kranke narcotisirt ist, wird ohne Ausnahme vor jeder Operation die Blase mittelst Katheters entleert.

Während und unmittelbar nach der Operation kommen, wie hier vorausgeschickt werden mag, Antiseptica mit dem Operationsgebiet und mit den Wunden in keinerlei Berührung. Es muss ganz besonders betont werden, dass wir uns während der Operation jeglicher Spülungen, selbst mit sterilem Wasser, principiell enthalten. Sogar bei einer Verunreinigung des Operationsfeldes mit jauchigem, stinkendem Eiter (Pyometra, Pyosalpinx u. dergl.) enthalten wir uns jeder Berieselung. Das infectiöse Material wird allein durch trockenes Austupfen mit sterilen Gazebäuschen und Schwämmen entfernt.

Narcose.

Als Betäubungsmittel bedienen wir uns bei der Narcose seit über fünf Jahren lediglich des Aethers, den durch Chloroform zu ersetzen wir nur in Ausnahmefällen veranlasst sind. Wir meinen die Fälle mit Nephritis und mit katarrhalischen Affectionen der Respirationsorgane, wiewohl natürlich hier die Anwendung des Chloroforms vor erheblichen Nachtheilen auch nicht schützt. In über 2000 in unserer Klinik vollzogenen Narcosen hat sich der Aether so bewährt, dass, von den genannten Ausnahmen abgesehen, wir die Anwendung des Chloroforms als Rückschritt betrachten würden. Kaum je haben wir bei unseren Operirten, auch wenn wir die letalen Fälle mitrechnen, bei denen zur Erklärung der Todesursache die Annahme der Schädlichkeit eines Narcoticums sehr bequem wäre, eine das Leben und die Gesundheit der Kranken ernstlich schädigende Wirkung des Aethers beobachten können. Wie viel ausserdem bei den nicht selten ausgebluteten und geschwächten Kranken (Carcinom, Myom), deren anämische Dyskrasie häufig genug zu Fettentartung am Herzen geführt hat, ein Betäubungsmittel werth ist, das am meisten unter allen das Herz unberührt lässt, bedarf weiterer Auseinandersetzung nicht.

Wir wollen aber auch hier hervorheben, dass es nicht nur auf die chemische Reinheit des Aethers und auf die Form des Betäubungsapparates — bei uns ist die Wanscher'sche Maske in Gebrauch — ankommt, sondern auch auf eine besonnene und verständige Technik. Denn es gilt nicht, eine Kranke so schnell wie möglich zu ersticken und sie durch Kohlensäureintoxication bewusstlos zu machen; vielmehr soll ganz allmählich ein ruhiger Schlaf erreicht werden. In dieser Bewusstlosigkeit aber ist die Kranke durch so geringe Aetherdosen wie möglich zu erhalten. Man soll hier genau wie bei der Chloroformirung — stets nur das für die continuirliche Betäubung gerade nöthige kleine Aetherquantum reichen, im Uebrigen aber nicht vergessen, dass auch ein Narcotisirter ohne Sauerstoff nicht leben kann. Es ergiebt sich daraus, dass der Narcotiseur, nachdem die Patientin einmal eingeschlafen ist, die Aethermaske so häufig und lange als möglich von den Respirationsorganen fernzuhalten hat.

Der sich ansammelnde Speichel wird thunlichst durch Seitendrehung des Kopfes der Patientin und Auswischen des Mundes schonend entfernt, um damit die Entstehungsursache von Aspirationspneumonieen und -bronchitiden auszuschalten.

Als Operationstisch kann zwar jeder beliebige feste Tisch verwendet werden. Es hat sich jedoch als zweckmässig erwiesen, einen Tisch an-

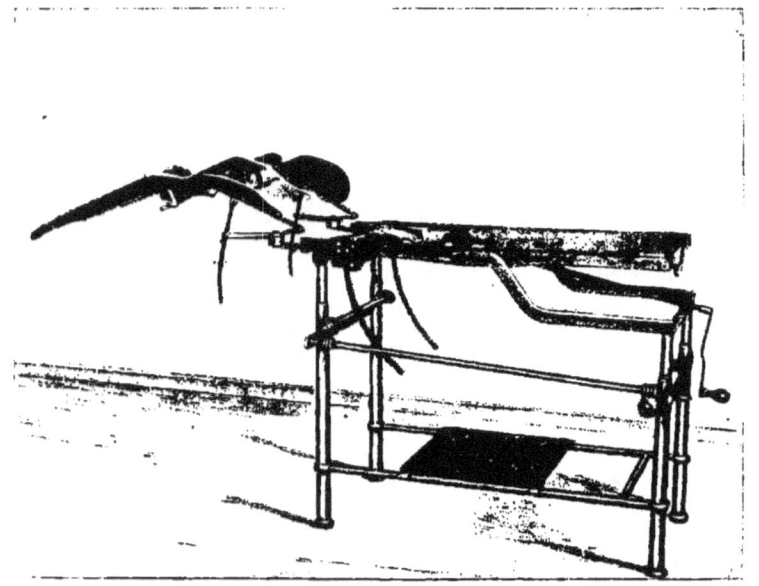

Fig. 1.
Operationstisch, im Ganzen etwas erhöht; bei der vaginalen Radicaloperation werden die Beinhalter entfernt.

zuwenden, welcher folgende Vortheile vereinigt: erstens Feststellung der Tischplatte in jeder beliebigen Höhe; zweitens Möglichkeit eines schnellen, aber nicht ruckweisen Ueberganges in Beckenhoch- und Beckentieflagerung; drittens bequeme Abänderung der Steissrückenlage in die Laparotomielage. Einen Tisch, der diese Vortheile in einfacher und bequemer Weise

vereinigt, hat L. Landau im Verein mit Herrn Dr. Vogel construirt.
Man darf bei der Vornahme einer schweren vaginalen Radicaloperation um
so weniger auf einen derartigen Tisch verzichten, als jeder, der sich der
Ausübung einer solchen Operation unterzieht, darauf gefasst sein muss, die
Laparotomie anzuschliessen, um z. B. das Princip der Radicalexstirpation
durchzuführen u. dergl.

Fig. 2.

Operationstisch noch mehr erhöht; für Trendelenburg'sche Lagerung durch Kurbel-
drehung eingestellt; Kopftheil der Tischplatte erhöht.

Bezüglich der näheren Beschreibung des Tisches verweisen wir auf
eine Publication in der Berliner klinischen Wochenschrift[1]), und geben hier
nur die Abbildung des Tisches.

---

[1]) Vogel, Operationstisch nach Landau-Vogel, nebst Bemerkungen u. s. w.
Berl. klin. Wochenschr. No. 16. 1895.

Lagerung der Kranken und Stellung des Operateurs.

Der Operateur kann eine sitzende oder stehende Position einnehmen. Die Patientin liegt in Steissrückenlage; oder falls der Operateur sitzt, kann er die Patientin auch in die von Péan angegebene Seitenbauchlage bringen. Die Patientin liegt dabei auf der linken Seite, der rechte Oberschenkel wird der Brust genähert, das linke Bein bleibt gestreckt; die Tischplatte steht in Brusthöhe des der Vulva gegenübersitzenden Operateurs.

Bei Steissrückenlage kann der Operateur, je nach der Zahl der Assistenten, die Beine der Kranken auf Beinträger abduciren und im Hüftgelenk und Knie wenig flectirt lagern, oder die Oberschenkel durch Assistenten oder auch Beinhalter stark flectiren, also die Patientin in die typische Steinschnittlage bringen. Der Operateur selbst sitzt oder steht stets zwischen den Schenkeln der Patientin, natürlich unter entsprechender Höhenstellung des Operationslagers.

Auf zwei Punkte ist bei jeder Lagerung der Kranken zu achten: einmal, dass der Kopf nicht gegen die Brust gestemmt und dadurch Athmung und Narcos ebeeinträchtigt werden, zweitens, dass sich die Patientin in jedem Momente der Operation leicht und ohne Aenderung der sonstigen Stellung in eine gewisse Beckenhochlagerung bringen lässt. Für die Erfüllung gerade dieser letzten Forderung erscheint der obige Tisch besonders geeignet. Eine allgemein giltige Regel für die zweckmässigste Stellung des Operateurs und der Kranken oder Vorschriften der Art, dass etwa bestimmten Indicationen jedesmal bestimmte Positionen entsprächen, lassen sich nicht ableiten. Alle Stellungen sind möglich und wirksam; Vorzüge und Nachtheile finden sich in jeder derselben.

Wir selbst haben alle möglichen Lagerungen durchprobirt. Am bequemsten haben wir die Steissrückenlage der Patientin gefunden. Der Operateur sitzt zwischen den Schenkeln derselben.

Zahl und Stellung der Assistenten. Beinhalter.

Wie schon von anderer Seite bemerkt, sind bei jeder grösseren Operation zwei Assistenten besser als drei, einer besser als zwei und gar keiner noch viel besser als irgendeiner. Gewiss ist der zu beneiden, der sich allein auf eigene Kräfte verlassen kann. Freilich ist das bei der hier zu besprechenden vaginalen Operation nicht möglich; man benöthigt immer einer Hilfe. Die Zahl der Assistenten freilich richtet sich im Allgemeinen nach der Lagerung der Kranken. So bedarf z. B. der Operateur (Péan) bei Seitenbauchlage der Kranken allein zum Zweck der unverrückten Erhaltung in dieser Lage, ausser beständiger tiefer Narcose, noch zweier Assistenten und zwar von andauernder Kraft. Ebenso muss jeder Operateur, der die

Patientin in Steissrückenlage operirt, zwei Assistenten haben, wenn er auf mechanische Beinhalter verzichtet. Wenn man die Beine der Patientin letzteren anvertraut, kommt man (Doyen) mit einem Assistenten aus, indem man dann auch die Instrumente sich selbst zureichen muss.

Wir selbst, die wir im Sitzen bei Steissrückenlage der Kranken operiren und auf Beinhalter in der Regel verzichten, wählen ausser den beiden die Beine haltenden stehenden Assistenten noch einen dritten, zur Linken sitzenden. Der rechts und links stehende, mit dem Gesicht dem Operateur zugewandte Assistent hat je das im Hüftgelenk stark flectirte Bein der Kranken so zu halten, dass er mit dem rechten bezw. linken Ellenbogen den Oberschenkel der Patientin zurückbeugt, während der entsprechende Unterschenkel sich auf seinem Rücken befindet. Naturgemäss darf ein Assistent, dem eine derartige Aufgabe zufällt, nicht die Glieder der Patientin als willkommene Unterstützung für seine erlahmenden Arme ansehen. Thrombosen der Schenkelvenen könnten die beklagenswerthe Folge derartiger Unbedachtsamkeit sein, und dürften auch bei Anwendung mechanischer Beinhalter eher auf das Conto des Assistenten entfallen als etwa auf das des Aethers. Ganz davon zu schweigen, dass eine unvernünftige starke Beugung der Oberschenkel gegen den Leib Athmung und Narcose stört.

Im Besonderen fällt dem auf der linken Seite der Patientin stehenden Assistenten die Aufgabe zu, mit dem Ecarteur das Operationsfeld abzustecken, die allmählich vom Uterus getrennte vordere Scheidenwand mitsammt dem gelösten paracervicalen Gewebe zurückzuhalten und so Blase und Harnleiter durch sein Instrument zu decken. Ausserdem liegt ihm ob, nach der Weisung des Operateurs auch die linken Seitentheile der Scheide zu spreizen und die an die linke Uterus- und Adnexhälfte gelegten Instrumente (Muzeux's, Klemmen) zu halten. In gleicher Weise hat der rechts von der Kranken aufgestellte Assistent die Scheide rechts zu dehnen und die die rechte Hälfte der Genitalorgane betreffenden Instrumente zu beachten. Der dritte, links vom Operateur sitzende Assistent hat die hintere Scheidenwand mit der Platte scharf nach hinten und unten zu ziehen, eventuell mittelst der in den Uterus eingekrallten Muzeux's die auszuschneidenden Theile zu dirigiren. Daneben benöthigen wir naturgemäss noch eines Narcotiseurs und pflegen uns die Instrumente reichen zu lassen.

Die grosse Zahl der Hilfskräfte braucht auch einen Aseptiker nicht zu erschrecken. Denn die Rolle der Assistenten ist eine recht passive: sie berühren in keiner Weise mit ihren Fingern die Operationswunden, sondern haben Nichts als die Instrumente anzufassen, stets mit der wesentlichen Function betraut, das Operationsfeld freizulegen und zu erweitern.

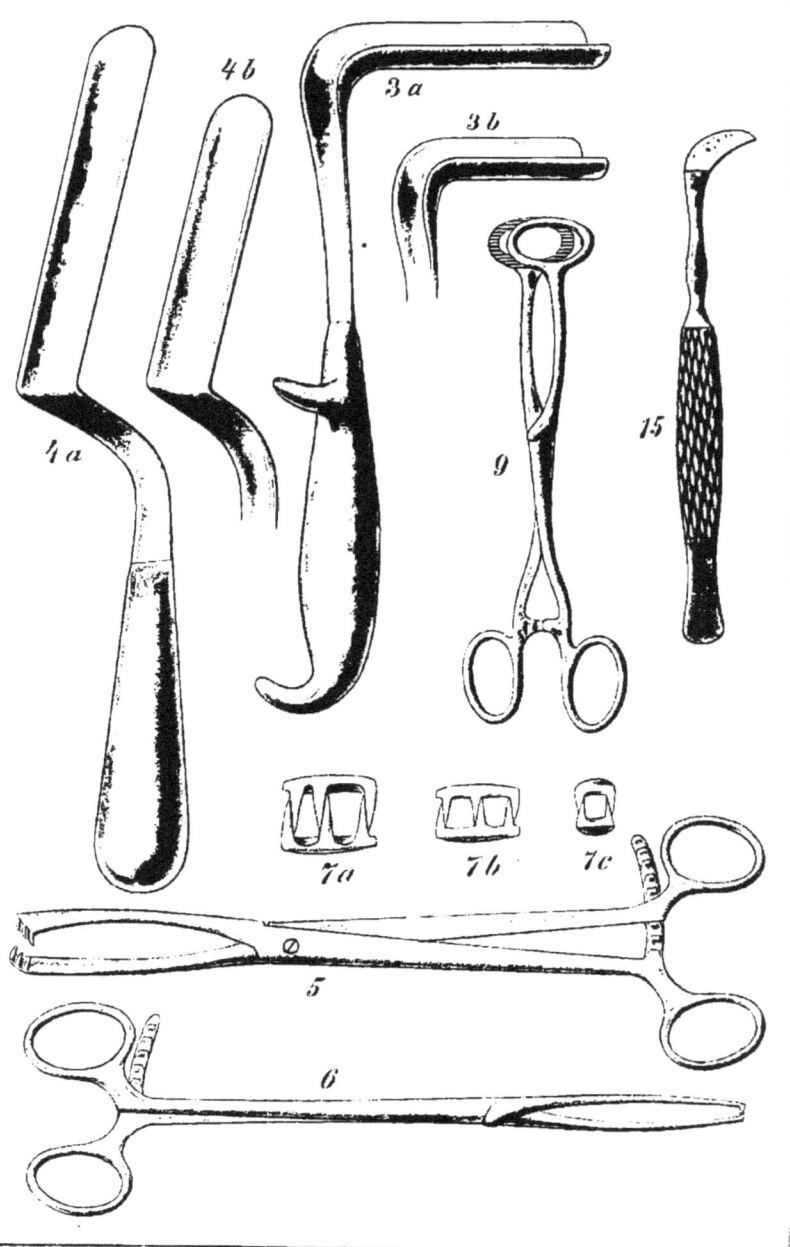

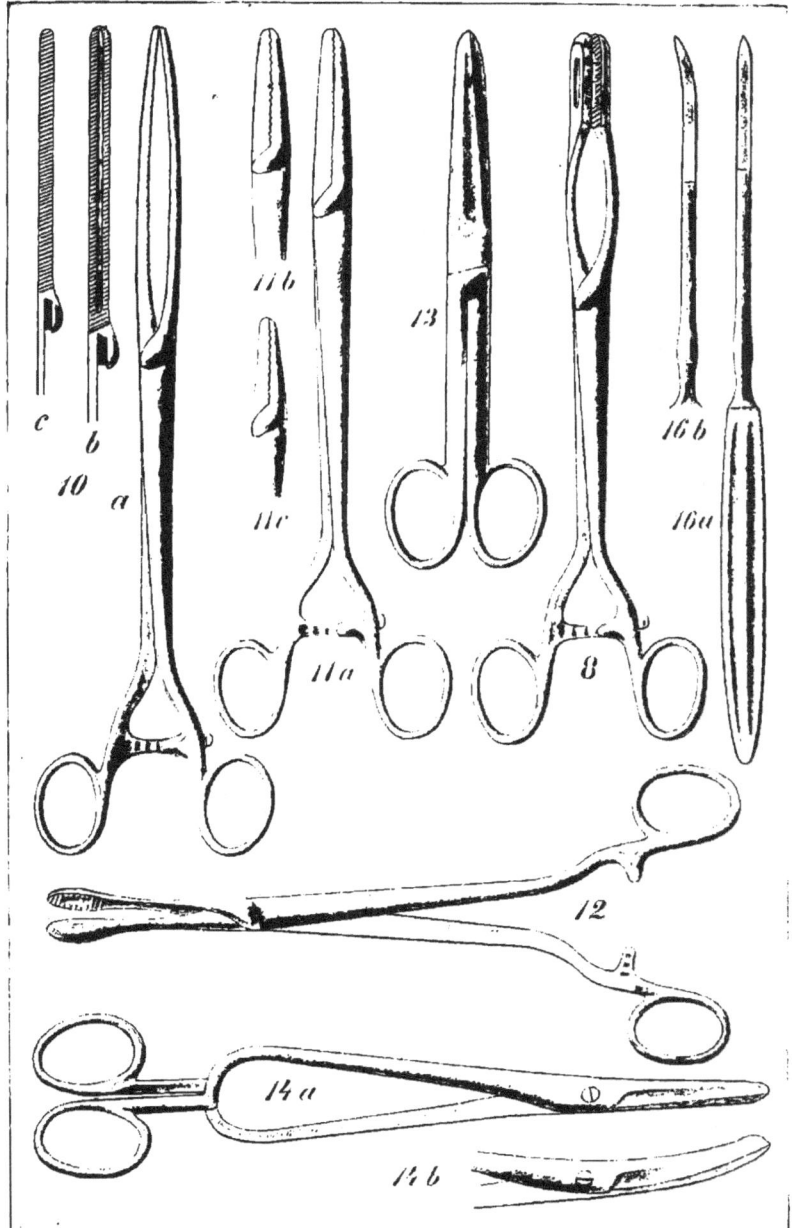

Kapitel II.
Armamentarium.

Instrumente und Verbandstoffe.

Man soll mit der Anzahl der Instrumente nicht sparen. In vielen Fällen sind zwar nur wenige erforderlich, aber man kann von Haus aus nicht wissen, ob nicht im Verlaufe der Operation sich viele als nützlich erweisen, und eben darum ist stets eine grössere Zahl vorzubereiten.

Alle Instrumente, die von uns für die in Rede stehende Operation in Anwendung gezogen werden, bestehen ausnahmslos aus vernickeltem hart gelötheten Stahl. In leichter und vollkommener Weise sterilisiren wir sie, natürlich nach vorhergegangener mechanischer Reinigung, durch halbstündiges Kochen in 1 proc. Sodalösung. Während der Operation liegen sie in derselben Flüssigkeit.

Aus der grossen Menge der von den verschiedenen Operateuren ersonnenen Modelle haben wir eine relativ geringe Anzahl von Arten als stets brauchbar ausgesucht (s. Figg. 3—16).

1. Spreizinstrumente oder Ecarteure:

a) Für die hintere Scheidenwand benöthigen wir je nach der Ausdehnung und Dehnbarkeit der Scheide, je nach der Mobilität des Uterus bald breitere, bald schmälere, bald längere oder kürzere rechtwinklig abgebogene Platten. Wir bedienen uns mit Vorliebe einer ganz kurzen, flach ausgebogenen Rinne (Fig. 3b), die nicht länger als 5 cm und nicht breiter als 4 cm ist; daneben eines anderen Speculums dieser Form von 8 cm Länge und 4 cm Breite (Fig. 3a).

b) Für die vordere und die seitlichen Scheidenwände wenden wir Ecarteure der in Figg. 4a und b abgebildeten Form an; zwei von 10 cm, zwei von 12 cm Plattenlänge, alle von $2^3/_4$ cm Breite. Dieselben können leicht bis in das grosse Becken und die Bauchhöhle vorgeschoben werden. Von diesen dient der an der vorderen Vaginalwand angelegte nicht bloss zum Auseinanderspreizen, sondern auch als Elevatorium und Raspatorium für die hier in Betracht kommenden Weichtheile.

Die Spreizwirkung der Ecarteure ist im Wesentlichen eine Hebelwirkung. Die Symphyse, der horizontale und absteigende Scham- und aufsteigende Sitzbeinast bilden den jeweiligen Stützpunkt für das zweiarmig hebelnde Instrument.

Die Vernickelung der Platten erhöht ihre lichtgebende Eigenschaft.

Alle Spreizinstrumente haben neben ihrer eigentlichen Function der Freilegung die wichtige Aufgabe, die Nachbartheile (Blase, Harnleiter, Darm) zu decken.

Kurze Seitenhebel oder die langen rechtwinklig gebogenen Ecarteure Péan's oder die Écarteurs contrecoudés Segond's sind gewiss äusserst handlich, aber durch die von uns angewendeten Instrumente hinreichend ersetzt. Das Auvard'sche Gewichtsspeculum ist ebensowenig bequem als nützlich. Nur zu oft bohrt es sich in die hintere Scheidenwand und macht tiefe, stark blutende Risse. —

Es ist daran festzuhalten, dass sich der Situs der Spreizinstrumente den augenblicklichen Lageverhältnissen der Organe stets anzupassen hat, also im Verlauf der Operation ein wechselnder ist. Darum wird Zahl, Stellung und Art der Specula in jedem Momente zu ändern und die spreizende Fläche des Instrumentes bald in längerer, bald in kürzerer Ausdehnung zu verwenden sein.

In einfachen Fällen, bei mobilem nicht vergrösserten Uterus, schränkt sich der Gebrauch der Specula sehr ein, so dass unter Umständen zwei kurze Platten vollkommen genügen.

2. Greifinstrumente:

a) Eine zweckdienliche Beschaffenheit der als Greifinstrumente dienenden Klauenzangen, die ausser der Direction der gefassten Theile noch die bedeutungsvolle Aufgabe der Blutstillung durch Druck und Zug haben, ist Vorbedingung für die sichere Ausführung jeder Radicaloperation. Bei gut gearbeiteten, allen Anforderungen genügenden Muzeux's stehen die Krallen senkrecht, ja, im spitzen Winkel zum Griffe (Figg. 5, 6).

Wir verwenden vier- und sechszähnige Klauenzangen von entsprechend zunehmender Stärke, 0,6 bis 1,1 cm an Kopfbreite (Figg. 7a, b, c zeigen die Kopftheile in natürlicher Grösse). Von den kleineren Muzeux's legen wir mindestens acht bereit, von den grösseren je vier.

b) Gefensterte Zangen:

α) mit Zähnen; zwei bis drei nach Segond (Fig. 8); sie werden besonders für das Fassen von Fibroidpartieen oder von ganzen Fibroiden verwendet, wozu man unter Umständen auch Nélaton's gefensterte Riffzange gebrauchen kann;

β) ohne Zähne; vier nach Doyen, nach Art der Collin'schen Zungenzangen (Fig. 9); (Gesammtlänge 17 cm). Man reicht mit kürzeren Modellen aus. Sie sind wesentlich zu verwerthen bei der Entwicklung von Adnextheilen. In Construction und Wirkung gleichen sie der gewöhnlichen Geburtszange: sie greifen mit breiten Flächen an und zerreissen, da sie keine Zähne tragen, selbst weichere Theile nicht. Man legt sie unter Hilfe des Gesichtssinnes an die Anhänge, um dieselben hervorzuziehen oder deren Auslösung zu vollenden. Massigerer oder längerer Instrumente dieser Art, wie wir sie (Gesammtlänge 21 cm) gelegentlich versucht haben, bedarf es nicht.

3. Klemmen.

Wir bedienen uns bei der vaginalen Radicaloperation jetzt nur noch gerader Klemmen, ohne Beckenkrümmung, und ziehen im Allgemeinen Modelle mit kürzeren Klemmflächen circa 4 cm) vor.

Will man nach dem Vorgange von Doyen die ganze Breite des Mutterbandes, ohne die Theile erst in kürzere Stiele zu zerlegen, mit einer einzigen Klemme versorgen, so wendet man, um im ganzen Bereich der Klemmfläche gleichmässigen Druck zu erzielen, Pinceen mit elastischer Federung nach Doyen an.

Wir halten für jede Operation vorräthig:
a) 2 lange Pinceen nach Doyen: federnd, mit canelirtem gerifften Maul; Länge 27 cm; Länge der Klemmfläche 10 cm (Figg. 10a, b); 2 etwa ebenso lange schwächere, Maul einfach gerifft (Fig. 10c), die nach Doyen lateral von den erstgenannten zur Sicherung angelegt werden;
b) 4 mit langem gerifften Maul nach Péan; Länge 24 cm, Klemmfläche 6 cm (Fig. 11a);
c) 6 mit mittellangem gerifften Maul nach Péan; Länge 24 cm, Klemmfläche 4—4½ cm (Fig. 11b);
d) 6 mit kurzem gerifften Maul nach Segond; Länge 24 cm, Klemmfläche 2½—3 cm (Fig. 11c);
e) 6 ganz schwache, nach Art der gewöhnlichen Kornzangen, zum Fassen von einzelnen Gefässen oder zum Klemmen von Scheiden- und Bauchfellwundrändern (Fig. 12).

T-förmige Balkenklemmen zu letzterem Zweck haben keine besonderen Vortheile.

Es empfiehlt sich, das Gewicht der in der Scheide lagernden Instrumente nicht ohne Noth zu vermehren, leichte Klemmen zu wählen.

Die Qualität der Klemmen muss eine besonders gute sein. Sie müssen, um ein Abgleiten, Aufspringen u. dergl. zu vermeiden, sicher schliessen und halten. Das setzt gutes Material und tadellose Arbeit voraus[1].

---

[1] Diese Voraussetzungen erfüllt z. B. das Collin'sche Fabrikat (Paris), auch haben wir gute Instrumente von H. Windler-Berlin und Chr. Schmidt-Berlin erhalten.

Die genannte Zahl von Klemmen stellt nach unserer Erfahrung das Minimum dar, das wir für die Ausführung einer vaginalen Radicaloperation vorbereiten, obgleich wir natürlich absolute Zahlen nicht angeben können. Man kommt oft mit viel weniger Instrumenten aus. Doch können nicht vorherzusehende operative Schwierigkeiten eben auch eine grössere Zahl nöthig machen. Nichts aber kann dem Gelingen der Operation wie dem Wohle der Patienten mehr schaden, als ein mangelhaftes Instrumentarium.

4. Schneidende Instrumente:

a) Scheeren:

α) eine gerade feste und massive; 17 cm lang, mit breiter Spitze; schneidende Fläche 7 cm (Fig. 13);

β) eine 24 cm lange gerade (Fig. 14a);

γ) eine ebenso lange krumme, über die Fläche gebogene (Fig. 14b); schneidende Fläche je 5 cm lang.

Auch bei diesen (β, γ) ist es zweckmässig, zumal die langen Instrumente wesentlich für das Arbeiten in der Tiefe construirt sind, nicht zu spitze Modelle zu benutzen.

Scheeren mit doppelter Krümmung sind entbehrlich.

b) Messer:

α) zum Umschneiden der Portio, soweit der Operateur hier nicht, wie Doyen und wir es thun, die Scheere vorzieht:

Brennecke's Sichelmesser; Messer mit sichelförmiger Schneide und zweckmässig mit meisselförmig zugestutztem Holzgriff, der bei genügender Festigkeit sehr bequem als Elevatorium oder Raspatorium benutzt werden kann (Fig. 15);

β) für die Zerstückelung:

ein gerades, 23 cm langes Messer mit 4—5 cm langer Schnittfläche (Fig. 16a) und ein über die Fläche gebogenes ebenso langes Instrument, gleichfalls mit 4—5 cm langer Schnittfläche (Fig. 16b).

5. Eine gewöhnliche Uterussonde.

6. Ein weiblicher Katheter.

7. Tupf- und Drainagematerial:
a) sterilisirte Gazebäusche zum Auftupfen von Eiter u. dergl.

b) Stielschwämme zu gleichem Zwecke;

Vorbereitung der Schwämme: Einweichen ¼ Stunde lang in heissem Wasser; dann 2stündiger Aufenthalt in salzsäurehaltigem Wasser (1,5 pro mille), Auswaschen ¼ Stunde in sterilem Wasser, 12stündiger Aufenthalt in Seifenwasser, Auslaugung in sterilem Wasser, Aufbewahren in 5proc. Carbollösung;

c) sterilisirte Mullstreifen 6—8 cm breit und 75—80 cm lang.

Von der Anwenduung jodoformirter Gaze sind wir bei dem Uebergange von der Antisepsis zur Asepsis vollständig abgekommen.

Neben dem genannten Armamentarium bedarf man einiger Schüsseln mit Desinficientien für die Hände: absoluter Alcohol, Sublimat 1 : 1000; ebenso bereitet man Nahtmaterial für event. Naht nach Resection von Scheidenlappen u. a. m. vor. Ausserdem aber muss man stets gewappnet sein, um z. B. technisch sehr schwierige vaginale Operationen zu radicalen zu machen, die Laparotomie anzuschliessen. Darum ist es vorsichtig, die für die Laparotomie nöthigen Instrumente stets in Reserve zu halten: also sterilisirte Verbandstoffe, Umstechungsnadeln, kleine Pincen u. s. w.

Dem Belieben des Operateurs entsprechend, kann zur Umschneidung der Portio oder auch für Durchtrennungen und Verschorfungen (Carcinom!) der Thermocauter vorbereitet werden (Jacobs). Man kann zur Freilegung des Organs und der Anhänge Simon'sche Seitenhebel, rechtwinklig abgebogene kürzere oder längere Ecarteure verwenden, den Uterus auf einer geraden kanelirten Hohlsonde spalten oder auch statt der geraden Pincen solche mit Beckenkrümmung wählen (Kocks). All' das liegt in dem Ermessen des Operateurs.

Für überflüssig halten wir die in den verschiedenen Armamentarien aufgezählten kurzen Bistouris, die langen chirurgischen Pincetten, Kugelzangen zum Fassen der Portio und durch Vergoldung der Ringe oder sonstige Merkmale gekennzeichnete Pincen, wie sie etwa zum Halten von Schwämmen verwendet werden. Ebenso sind lange gebogene Messer mit verschieden angelegten Schnittflächen — zum Schneiden von links nach rechts oder rechts nach links — entbehrlich.

Kapitel III.
Technik der verschiedenen Operationsarten.
(S. Eintheilung auf S. 55.)

Entfernung der Gebärmutter und ihrer Anhänge ohne Zerschneidung des Uterus beim beweglichen Organ (A. a.).

Diese Operationsweise kommt in Anwendung bei nicht wesentlich vergrössertem, völlig beweglichem, herunterziehbarem Uterus und entspricht den Indicationen des sonst üblichen, ursprünglichen Nahtverfahrens. Sie ist daher angezeigt beim circumscripten Krebs bezgl. Sarcom des Mutterhalses oder -körpers, bei Myomen bis ungefähr Apfelgrösse, sofern diese nicht isolirt enucleirt werden können, bei doppelseitigen Eiterungen in Eierstöcken und Tuben, wenn sie in letzteren mehr lateral entwickelt sind und die Beweglichkeit des Uterus nicht aufheben: also bei doppelseitigen Ovarialabscessen und solchen Pyosalpingen, deren isthmische Abschnitte relativ frei sind; endlich in gewissen Fällen von doppelseitigen nicht allzu grossen genuinen Ovarialgeschwülsten.

Wir theilen die Operation zum Zweck der Beschreibung passend in Einzelacte. Gelegentlich der Schilderung derselben kommt nothwendig eine Reihe von Punkten — Situs der Blase, Ureteren, Art der Klemmenapplication etc. — zur Besprechung, die für jede einzelne der weiter unten zu beschreibenden Methoden ebenmässig von Bedeutung werden. Sie mögen darum an geeigneter Stelle gleich in diesem Abschnitt ihre Besprechung erfahren.

1. Act: Freilegung und Anhakung der Portio.

Einführen der kurzen breiten Platte, der seitlichen und des vordern Ecarteurs, so dass die Portio sich gut einstellt. Anhaken derselben mit vierzähnigen Muzeux's: der eine fasst median die vordere Muttermundslippe, nicht zu weit über der Ebene des Os uteri externum; zwei andere werden symmetrisch rechts und links von der Medianlinie in die hintere Lippe eingekrallt, ungefähr um $^1/_8$ Kreisumfang von dem hinteren Medianpunkt entfernt (s. Fig. 17). Diese beiden Krallenzangen können ohne Gefahr für Nachbartheile weiter in den Cervicalcanal vorgeschoben werden. Bei dieser Placirung der Muzeux's folgt der Uterus, sofern das Organ überhaupt beweglich ist, leicht dem Zuge, oft bis vor die Vulva. Die beiden Krallenzangen an der hinteren Lippe bleiben stets, schon allein für die bequeme topographische Orientirung, an Ort und Stelle bis zum Ende der Operation liegen; in gewissen Fällen sind sie aber auch sehr nützlich für das Beiseiteziehen der Portio und die Entwicklung und Versorgung der Ligamenta cardinalia. Ebenso nehmen wir den vorn in der Mittellinie fassenden Muzeux nur dann ab, wenn wir die Gebärmutter vorn median (gelegentlich der Anwendung anderer Methoden [s. u.]) eröffnen.

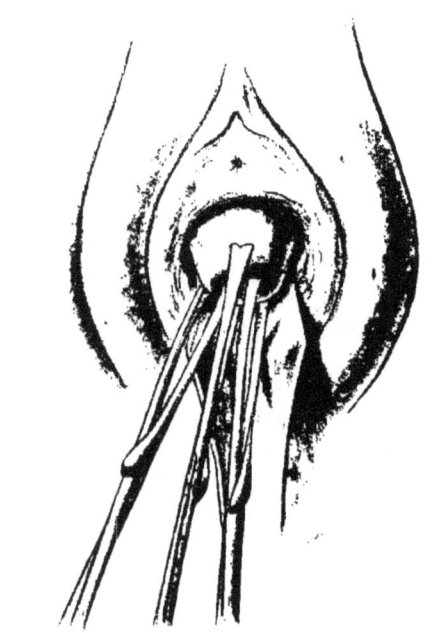

Fig. 17.

Anhaken der Portio vaginalis.

Manche Operateure setzen die Muzeux's in anderer Weise ein: so fasst der Eine die vordere und hintere Lippe je mit einem Muzeux, und zwar hakt er die Klauenzangen, um die gegenseitige Behinderung derselben zu vermeiden, nicht genau in der Mittellinie ein, sondern an der Vorderlippe etwas rechts, an der Hinterlippe etwas links davon (s. Fig. 18). Ein Anderer wieder fasst mit je einer Zange die seitlichen Commissuren (s. Fig. 19).

Bei intacter Portio hat es naturgemäss keine Schwierigkeiten, die Muzeux's fest an jeder beliebigen Stelle einzusetzen. Anders bei fressenden

Geschwülsten. Hier muss man sich die zu fassenden Partieen des unteren Uterusabschnittes erst zurechtstutzen: das morsche Gewebe muss durch einen scharfen Löffel und die Schere oder den Thermocauter so lange entfernt werden, bis die Krallen in fester Musculatur einen Halt gefunden haben.

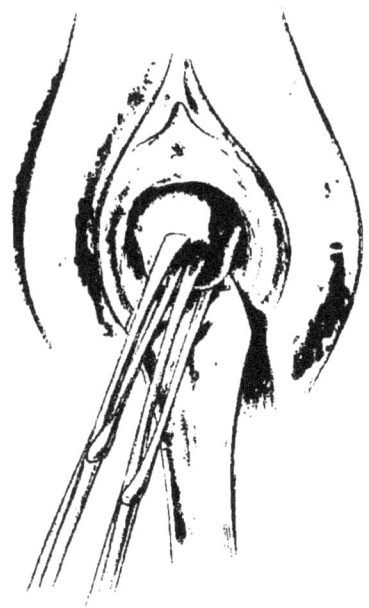

Fig. 18.
Anhaken der Portio vaginalis.

Der Umstand, dass dabei Verletzungen der zurückbleibenden Theile (Scheide) durch Impfimplantation gefährlich werden können, mahnt zu grosser Vorsicht bei dieser unumgänglichen Vorbereitung der Portio.

Um etwa eitrige oder septische Infection zu verhüten, forciren wir die „Reinigung" des carcinomatösen Collum niemals. Wir pflegen auch, im Gegensatz zu Anderen, nicht Tage vor der Uterusexstirpation in einer besonderen Operationssitzung die Geschwulstmassen zu entfernen, da wir darin nur Nachtheile — zwecklose Erregung der Kranken, wiederholte Narcose — sehen können. Darum operiren wir immer einzeitig.

72   Die Technik der vaginalen Radicaloperation.

Von einer regelmässigen Anlegung der Muzeux's ist bei der Vielgestaltigkeit des Krebses natürlich keine Rede. Es genügt, zunächst wenigstens einen festen Halt zu schaffen, der als Hebelpunkt dient und Ausgangsort weiterer Vornahmen wird. Besonders suche man an der hin-

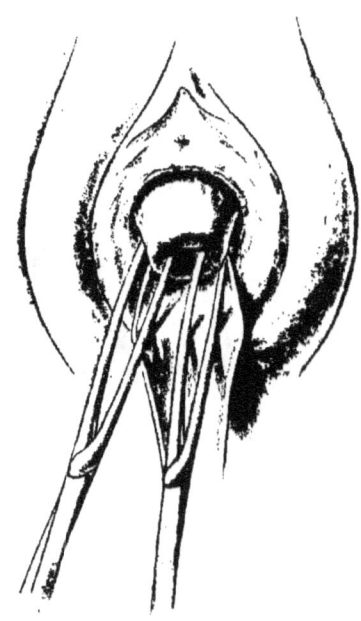

Fig. 19.
Anhaken der Portio vaginalis.

teren Lippe oder bei krebsiger Zerstörung derselben an der hinteren Gebärmutterwand sich festzuhaken. Hier kann man auch weit in den Uteruscanal hineinfassen: denn Nachbartheile sind dabei ausser Gefahr. Dasselbe Princip kommt, wie schon erwähnt, nach früheren Collumamputationen oder bei seniler Atrophie der Portio zur Anwendung: immer zuerst einen Angriffspunkt möglichst in der hinteren Lippe zu suchen.

Bei bösartigen Geschwülsten des Uteruskörpers oder Pyometra wende man, um das Herausquellen infectiöser Massen zu verhindern, den kleinen Handgriff an, mit einem Muzeux gleichzeitig beide Lippen zu fassen und so den äusseren Muttermund und den Cervicalcanal während der Operation zu verschliessen.

Einige Operateure pflegen jeder Totalexstirpation in der Furcht vor der Infectionskraft eines entzündeten Endometriums eine Auskratzung vorzuschicken. Wir erwähnen dies der Vollständigkeit halber.

2. Act: Umschneidung der Portio (verschiedene Schnittformen, probatorische Schnitte).

Unter normalen Verhältnissen der Portio umschneiden wir dieselbe mit der geraden Schere (Fig. 20) in der Form eines Ovales oder einer Ellipse. Vorn beginnen wir möglichst dicht oberhalb des äusseren Muttermundes, gehen von da aus nach den Seiten in exacter Fortsetzung der klaffenden Schleimhautwunde, gleichfalls dem Muttermunde genähert, und vervollständigen, indem die Portio mit den Hakenzangen nach vorn oben gehoben wird, die Umschneidung mit einem Schnitt, welcher das hintere Scheidengewölbe eröffnet oder jedenfalls weiter ab vom Muttermunde resp. höher, als der vordere Schnitt angelegt, nach dem Laquear hinaufsteigt. Regel ist, das schneidende Instrument immer senkrecht auf die Uterussubstanz zu dirigiren und die sich anspannenden Gewebszüge in dieser günstigsten Richtung zu durchschneiden. Indem man vorn und seitlich sich mit der Schnittcircumferenz dicht oberhalb des äusseren Muttermundes hält, schont man die Blase und die Ureteren, ohne erst einer „Orientirung" durch eingeführte Katheter oder einer Injection in die Blase zu bedürfen. Hinten aber geht man umgekehrt mit dem Schnitt darum hoch hinauf, weil man hier ohne Gefahr für Nachbartheile Verhältnisse schafft, die es ermöglichen, bei den folgenden Acten rasch und ohne sich erst in den verschiedenen Lagen des periproctalen Bindegewebes zu verirren, an die hintere Umschlagsstelle des Bauchfells zu kommen; nicht selten eröffnet dieser Schnitt bereits den hinteren Douglas und damit die Bauchhöhle. Indessen man übertreibe nicht ohne Noth: nach der Heilung kann durch allzu ausgiebige Umschneidung das Scheidenrohr in einer Weise verkürzt und verengt sein, die der Ausübung des Coitus Schwierigkeiten bereitet.

Ist die Portio durch bösartige Neubildung morsch oder verzehrt oder hat der Krebs auf die Scheidenwände übergegriffen oder sind verstümmelnde Collumoperationen vorangegangen oder hat sich endlich der physiologische Altersschwund des Collum mit Atresie im Scheidengrund entwickelt, so kann natürlich die Form des ersten Schnittes keine regelmässige sein, sondern ist, wie das Einhaken der Muzeux's, eine Function der jeweiligen anatomischen Verhältnisse.

Für die Schnittführung in macroscopisch Gesundem bei bösartiger Neubildung ist es relativ am günstigsten, wenn der Krebs auf die hintere

Scheidenwand übergegriffen hat. Man kann hier an der hinteren Wand mit dem Umschneidungsschnitt in der Nähe des Introitus vaginae beginnen.

Die Umschneidung lässt sich mit der Scheere, dem Messer oder dem Thermocauter vornehmen. Wir selbst gebrauchen jetzt die Scheere. Die dem Thermocauter zugeschriebenen „Vorzüge", nämlich geringe Blutung,

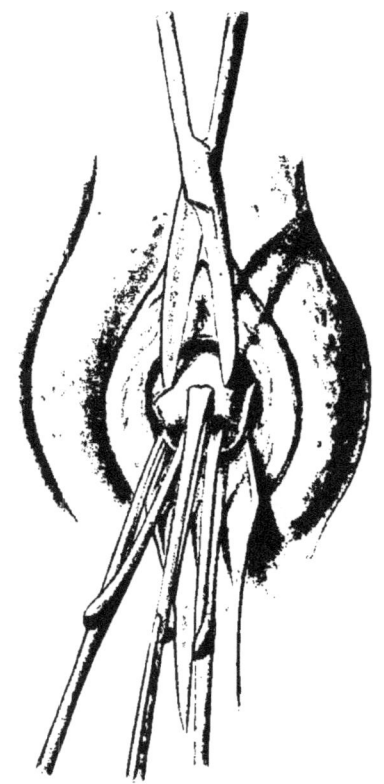

Fig. 20.
Umschneidung der Portio mit der Scheere.

Beleuchtung des Operationsfeldes und Verzögerung des Wundschlusses (s. M. Landau, l. c. S. 37) werden beim Gebrauch von Scheere oder Messer nicht vermisst. Insbesondere ist die Blutung beim ersten Schnitt eine so minimale, dass selbst das nur vorübergehende Anlegen von ein bis zwei schwachen Klemmen eine Ausnahme ist.

Ueber die problematischen Vorzüge des Thermocauters als Necrotisirungsmittel haben wir oben (S. 41) bereits gesprochen.

Die Ovalärform des ersten Schnittes, die durch die Verlegung der Schnittlinie hoch nach dem hinteren Scheidengewölbe zustande kommt, schafft gegenüber dem Cirkelschnitt, der in gleichmässigem Abstand den äusseren Muttermund umkreist, eine grössere Oeffnung. Damit vermeidet man, dass bei der Entwicklung voluminöserer Theile oder bei der Blosslegung höherer Partieen blutende Scheidenschlitze entstehen.

In glücklicher Weise hat Segond diesen ersten Schnitt insofern modificirt, als er auf die beiden Seiten des Ovalärschnittes zwei seitliche Incisionen aufsetzt, welche längs und parallel der Basis der breiten Mutterbänder jederseits in ca. 2 cm Ausdehnung verlaufen (Fig. 21). Die

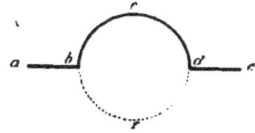

Fig. 21.
Umschneidung der Portio nach Segond.

b c d f circulärer Schnitt: a b, d e Seitenschnitte längs der Mutterbandsbasis.

sonst in sich geschlossene Schnittführung schafft also hier zwei Lappen, einen vorderen und einen hinteren, ähnlich wie bei der Amputation eines Gliedes. Segond erreicht damit zwei Vortheile: einmal sich das Operationsfeld vor dem Uterus möglichst zu vergrössern und zweitens in rationellster Weise sich vor Ureterenverletzungen beim Abklemmen, das Segond an der Arteria uterina principiell praeventiv übt, oder später bei der Auslösung und Ausschneidung der Theile zu sichern. Denn worauf es in diesem Punkte allein ankommt, das ist, wie alsbald des Näheren zu erläutern sein wird (S. 81 ff.), das ausgiebige und sorgfältige Décollement der Blase, welches die Befreiung der Harnleiter in sich schliesst.

In der That hat Paul Segond unter 400 vaginalen Operationen wegen Krebs, Fibroid oder „Beckeneiterung" den Ureter nicht einmal verletzt. Auch wir haben uns der Segond'schen Schnittführung mit grossem Vortheil in schwierigen Fällen bei engen Raumverhältnissen bedient.

In dieser Intention — möglichst bequemes Décollement der Blase —

hat L. Landau[1] sich auch von seiner früher — übrigens immer ohne Schaden für Ureteren und Blase — mitunter geübten Art des ersten Schnittes abgewendet: L. Landau liess wesentlich zur Schonung der unten seitlich an den Uterus und das Laquear vaginae herantretenden Gefässe rechts und links an den Commissuren der Lippen eine kleine Brücke der Scheidenschleimhaut stehen, die die Continuität des Ovalärschnittes jederseits unterbrach. Diese Brücken wurden erst nach der Abklemmung der Gefässe durchschnitten.

Neuerdings ist diese Art der Schnittführung wieder auf Grund anatomischer Untersuchungen über die Gefässausbreitung um das Collum herum (Arteria utero-vaginalis recurrens) von Condamin empfohlen worden[2].

Freilich führen wir auch jetzt noch in manchen Fällen den ersten Schnitt überhaupt bloss in einer gewissen Strecke vorn oder hinten aus: nämlich dann, wenn es gilt, die Indication einer vaginalen Adnexexstirpation durch probatorischen Schnitt und innere Palpation zu sichern. Dieser vaginale Explorativschnitt im vorderen oder hinteren Scheidengrunde, von dem aus man in der später zu erörternden Weise, beim hinteren Schnitt oft unmittelbar, in die Bauchhöhle dringt, kommt ausnahmsweise für die Feststellung entzündlicher Processe überhaupt oder erheblich häufiger für die Bestimmung ihrer Doppelseitigkeit in Frage. In Fällen von uniloculärer cystischer Ansammlung (Hämatocele, Pyocele retrouterina) ist die Heilung bringende Operation mit dem Probeschnitt vollendet.

Des vaginalen Probeschnittes bedürfen wir nur in Ausnahmefällen, weil aufmerksame Krankenbeobachtung, sorgfältige Untersuchung und diagnostische Hilfsmittel anderer Art — Rectaluntersuchung und Probepunction —, Diagnose und Operationsanzeige auch ohne ihn scharf festsetzen. Beim Verdacht übrigens auf maligne Neubildung an Gebärmutter oder den Anhängen oder auf Tuberculose des Bauchfells oder auf congenitale Missbildungen der inneren Sexualorgane ziehen wir principiell die probatorische Incision von den Bauchdecken aus der vaginalen vor. Das Auge ist hier eine werthvolle Ergänzung des Fingers. Können doch z. B. sofort nach Eröffnung der Bauchhöhle Knoten auf der vorliegenden Darmserosa den Operateur vor weiteren zwecklosen Massnahmen behüten (Bauchfelltuberculose, disseminirter Krebs), oder es kann ein Blick von oben her auf die Veränderungen bei Doppelbildungen ein conservatives Vorgehen

---

[1] L. Landau, Zur Behandlung des Gebärmutterkrebses. Berl. klin. Wochenschr. 1888. No. 10 und Volkmann's Samml. klin. Vortr. No. 338.
[2] R. Condamin, Note sur un point de l'hémostase dans l'hystérectomie vaginale; modification à apporter au premier temps de cette opération. Lyon médical. No. 26. 30. Juin 1895.

vorschreiben, etwa, wenn die Diagnose zwischen ein- und doppelseitiger Haematosalpinx bei Uterusdoppelbildungen schwankt. Kann man aber nach ventralem Probeschnitt bei maligner Neubildung noch radical operiren, so wird, selbst wenn man nach der probatorischen Eröffnung der Bauchdecken ausschliesslich vaginal verfährt, das Auge die Sicherheit für das „Operiren im Gesunden" erbringen.

Ob wir im gegebenen Falle den vaginalen Probeschnitt im vorderen oder hinteren Scheidengrund anlegen, hängt für uns wesentlich von dem Situs der zu explorirenden Theile ab. Wir möchten uns also nicht principiell jedesmal für den vorderen oder hinteren Schnitt entscheiden.

Manche Operateure bevorzugen als wirksamsten Probeschnitt den Längsschnitt in der vorderen Vaginalwand. Erweist sich eine Uterusexstirpation als nothwendig, so wird alsdann ein Zirkel- oder Ovalärschnitt um die Portio hinzugefügt. Da man vom queren Schnitt vorn oder hinten palpiren kann, was zu palpiren ist, und da man bei Hysterectomie nach Anwendung des vorderen Längsschnittes die zu weit angelegte Oeffnung wieder verkleinern muss, weil das offenbleibende Loch in der Scheide sonst oft eine geradezu beängstigende Ausdehnung erfährt, können wir diesen Schnitt kaum befürworten. Der Längsschnitt ist im Allgemeinen als vaginaler Explorativschnitt überflüssig.

Zudem muss man, wenn man längs einschneidet, die Blase nicht bloss vom Uterus, sondern auch von der vorderen Scheidenwand lösen. Schneidet man dagegen vorn quer auf die Portio ein, so weicht die Blase mit der Scheidenwand in Einem zurück. Dort also Lösung der Blase auf zwei Seiten, hier in einem Act und auf einer Seite.

Abgesehen von seiner Verwendung als Probeschnitt bietet der Längsschnitt aber doch zuweilen bei der vaginalen Uterusexstirpation gewisse Vortheile. So ist es nicht zu verkennen, dass es in seltenen Fällen nöthig sein kann, ein für den Abfluss der Secrete zu eng erscheinendes Scheidenloch durch Längsspaltung der vorderen oder hinteren Scheidenwand in der Mittellinie um Etwas zu vergrössern. Und ferner sei ausdrücklich hervorgehoben, dass der fast bis zur Urethralmündung reichende Längsschnitt bei anderen vaginalen Operationen gute Dienste leistet: so bei der Exstirpation isolirter kleiner Myome, der vaginalen Hysteromyomotomie (Doyen) oder bei der Kolporrhaphie, wobei die Abpräparirung zweier symmetrischer Lappen und Excision derselben vom Mittellängsschnitt aus in bequemer Weise erfolgt. Daraus ergibt sich unmittelbar, dass in gewissen Fällen vaginaler Uterusexstirpation, wo gleichzeitig die Aufgabe vorliegt, überschüssige Scheidenwand zu reseciren, Längsschnitte in der Mittellinie zweckmässig sind. Das sind Fälle, in denen man wegen bestehenden Prolapses des Uterus und der Scheide die Totalexstirpation machen muss oder in denen man bei der Indication einer vaginalen Totalexstirpation, z. B. bei Myomen, Pyosalpinx duplex, gleichzeitig eine erhebliche Hypertrophie des Scheidenrohrs heilen will. Endlich ist man gezwungen, von einem Längsschnitte aus die Uterusexstirpation anzuschliessen, wenn man mit ihm zum Zwecke einer Hysteromyomotomie u. dergl. begonnen hat und dann durch doppelseitige Erkrankung der Anhänge oder durch schwere Veränderungen am Uterus zu seiner Ueberraschung die Indication für eine radicale Operation erhält. Hier muss man, wie gesagt, auf den Sagittalschnitt den üblichen Ovalärschnitt aufsetzen und am Ende der Operation den Längsschnitt wieder vernähen. Oder man kann, den Klemmen treu bleibend, das zu weite Loch dadurch verengen, dass man die Wundränder des Längsschnittes mit Klemmen aneinanderbringt. --

Dass die ersten Schnitte für die radicale Operation Nichts präjudiciren, liegt auf der Hand. Sofern sie den Anfang jeder Radicaloperation darstellen, die unmittelbar darnach abgebrochen werden kann, lassen sie den Vorwurf, dass die vaginalen Operationen principiell mehr verstümmeln als die abdominalen, gar nicht erst aufkommen. Man scheint vergessen zu haben, dass die vaginalen Schnitte sogar Ausgangspunkt besonderer, systematisch geübter conservativer Exstirpationsmethoden geworden sind, die älter sind als die methodische Uterusexstirpation.

So haben Atlee (1859), Battey (1869), T. Gaillard Thomas (1870), R. Davis (1872), J. T. Gilmore (1873), E. Clifton Wing (1876), Goodell (1876) u. A. vom hinteren Schnitt aus Ovarialtumoren, Tubenschwangerschaften, einseitige Tubeneitersäcke etc. bei Schonung des Uterus und der gesunden Anhänge entfernt, theils mit einer queren, theils mit einer longitudinalen Incisionsöffnung[1]). Wenn jetzt diese Operation unter dem neuen Namen der Kolpotomie, vaginalen Koeliotomie, Scheidenbauchschnitt, empfohlen und geübt wird, so haben die betreffenden Autoren wenigstens das Verdienst, dass sie den Einwand gegen die vaginalen Operationen, man könne, nachdem man einmal angefangen habe, nicht mehr zurück, widerlegt haben.

---

[1]) Die Vortheile des queren Schnittes gegenüber der „boutonnière longitudinale" sind bereits 1889 durch Armand Bonnecaze in seiner Inaugural-Dissertation (Valeur et indications de l'incision vaginale appliquée à l'ablation de certaines petites tumeurs de l'ovaire et de la trompe. Paris 1889. Steinheil.) hervorgehoben.

3. Act: Auslösung des Uterus aus dem pericervicalen Gewebe. Die topographisch-anatomischen Beziehungen der Harnorgane (Blase, Ureteren) zum Genitalsystem.

Die Ausschälung des Uterus aus dem pericervicalen Gewebe geschieht von dem Ovalärschnitt aus stumpf mit dem Finger oder mit dem Raspatorium, als welches das Ende des Messerstieles benützt werden kann, oder scharf mit dem Messer resp. der Scheere. Wir beginnen in der Regel hinten das lockere periproctale Zellgewebe vom Mutterhals abzuschieben[1]), wenn nicht schon der erste Schnitt den hinteren Douglas eröffnet und so den Zugang zur Bauchhöhle freigelegt hat. Sonst hat man erst eine verschieden grosse Strecke des retrocervicalen Zellgewebes zu durchbohren, ehe man an das hintere Bauchfellblatt kommt. Oft genug vollzieht sich dabei die Durchstossung desselben und Eröffnung der Bauchhöhle. Eine Nebenverletzung des Darmes ist bei den hier in Rede stehenden uncomplicirten Fällen nicht möglich.

Ein anderes Mal weicht die Peritoneallamelle elastisch zurück. Dann pflegen wir uns mit der Durchtrennung des Bauchfells an dieser Stelle nicht erst lange aufzuhalten, sondern gehen nun nach vorn und an die Seiten der Cervix. Hier schieben wir die Blase aus ihrem lockeren Lager hinauf in die Höhe, insbesondere nicht weniger gründlich und exact an den Seitentheilen als in der Mitte.

Die Durchtrennung der pericervicalen Bindegewebsmassen combinirt sich bei der Auslösung des Uterus mit einer allmählichen Steigerung des Zuges an den die Portio fassenden Muzeux's nach unten. Arbeitet man in den richtigen Schichten, d. h. hinten in dem lockeren periproctalen Füllgewebe und vorn in der sehr nachgiebigen, leicht zu trennenden Verbindungslage zwischen Blase und Collum, so vollzieht sich die Abstreifung des Mutterhalses von Blase und Mastdarm in diesen Fällen schon fast von selbst, allein durch den Zug nach unten. Stösst man auf kleine Stränge und Brücken im perivaginalen Gewebe, auf derbere Faserzüge, die die Scheidenschleimhaut mit dem Uterusgewebe verbinden, so werden sie mit der Scheere durchtrennt. Zuweilen findet man hier auch

---

[1]) Auch anderen Operateuren wird es aufgefallen sein, dass bei der Abstreifung des periproctalen Gewebes vom hinteren Scheidenschnitt aus — gelegentlich auch beim „Blasendecollement" — selbst in tiefster Narcose ein eigenthümliches inspiratorisches Grunzen, synchron mit dem jedesmaligen Vorstossen des Fingers, reflectorisch ausgelöst wird.

kleinere Muskelzüge, die sich von der oberflächlichen Muskellage des Uterus her der Längsfaserung des hinteren Umfanges der Blasenwand beigesellen. Wie zuerst Luschka gezeigt hat, scheiden sie in der Gegend des inneren Muttermundes vom Uterusfleisch aus; etliche lassen sich bis in das Septum urethro-vaginale hinein verfolgen.

Die abgelöste Scheide sammt submucösem Gewebe rollt sich unter den abhebenden Bewegungen der Finger und des Ecarteurs nach oben. Letzterer wird besonders vorn nicht bloss als Deckung für die Blase verwandt, sondern unterstützt in activer Weise Finger und Elevatorium bei der Auslösung.

Man arbeitet dabei immer in der Richtung auf den Uterus zu, genau wie bei der Abhebung des Periosts auf den Knochen. Für alle diese Handgriffe bietet es namentlich bei engen Raumverhältnissen oft eine grosse Erleichterung, in diesem oder jenem Zeitpunkt beim Enucleiren der Cervix Rinne und Ecarteure theilweise oder auch ganz aus der Scheide zu entfernen, damit der vordringende Finger des Operateurs nicht unnöthigerweise durch diese Instrumente behindert wird. Durch Anheben, Senken oder Drehen der Muzeux's am Collum kann man sich den verfügbaren Raum noch entsprechend vergrössern.

Von einer Blutung bei der Ausschälung der Cervix ist, wenn man beim Abschieben der Blase seitlich nicht in zu tiefe Schichten (Arteriae uterinae!) geräth und möglichst stumpf sich vorwärts arbeitet, keine Rede. Vorn an der Blase werden irgendwie nennenswerthe Gefässe überhaupt nicht durchtrennt; auch bestehen keine erheblicheren Anastomosen der Blasengefässe mit den Uterusgefässen. Eine eventuelle parenchymatöse Hämorrhagie aus dem massigen, gefässreichen periproctalen Gewebe kann darum bis zur vollendeten Ausschneidung der inneren Genitalien stets ausser Acht gelassen werden, weil sie, an sich durch den direct tamponirenden Druck des angezogenen Uterus vorerst stets gestillt wird.

Wie durch Befolgung der vorgeschickten Regeln für die Schnittführung — vorn und seitlich in möglichster Nähe herum um den äusseren Muttermund — eine Verletzung von Blase und Ureteren durch Schnitt vermieden wird, so besteht bei der Auslösung des Collum die Aufgabe, Blase und Harnleiter so aus dem Operationsbereich zu schaffen, dass sie für alle folgenden Acte: Anlegung der Klemmen und Ausschneidung der Theile, gar nicht mehr in Betracht kommen und vor jeder Verletzung gesichert bleiben. Mit der Erfüllung dieser Aufgabe ist eine der gefährlichsten Klippen der vaginalen Hysterectomie umgangen.

Die Bedeutung der empfohlenen Schnittführung und der oben vorgeschriebenen Art der Collumauslösung ergiebt sich nothwendig aus den topographisch-anatomischen Verhältnissen der Harnorgane zum Genitalsystem.

Vor Allem gilt es hier, auf zwei Punkte hinzuweisen, die in der Meinung vieler Autoren anscheinend nicht genügend feststehen. Erstens entspricht die Blase, selbst in entleertem Zustande, mit ihren seitlichen Abschnitten jederseits nicht den Begrenzungen des Collum, sondern legt sich nach beiden Seiten hin auf die unteren medialen Partieen der breiten Mutterbänder, das Ligamentum cardinale und das unterhalb des letzteren gelegene paravaginale Zellgewebe in lockerer Verbindung auf[1]). Das Collum selbst wird von der Blase in den beiden unteren Dritteln der supravaginalen Portion (Luschka) gedeckt; bei stärkerer Ausdehnung der Blase in noch grösserem Umfange.

Zweitens ist der Ureter von der Eintrittsstelle in die Blasenwand ab gerechnet renalwärts in einer Ausdehnung von annähernd 5 cm mit der unteren hinteren Blasenwand in so inniger straffer Verbindung, dass jede Dislocation der Blase auch diese Ureterstrecke unmittelbar mit sich nimmt. Diese Gemeinschaft der beiden Organe beginnt, um einen anatomisch bestimmten Orientirungspunkt anzugeben, da, wo der Ureter die laterale Wurzel des breiten Mutterbandes auf seinem Wege nach vorn und innen eben gekreuzt hat. Er lagert auf dieser ganzen, 5 cm langen Strecke zwischen Blasenwand und paracervicalem, parafornicalem resp. paravaginalem Gewebe.

Von diesem Gesichtspunkte aus verdient die von den Anatomen gegebene Eintheilung des Harnleiters in eine Pars abdominalis (14 cm lang, von der Niere bis zum Eintritt ins kleine Becken), in eine Pars pelvina (12 cm lang, im kleinen Becken verlaufend bis zum Eintritt in die Blasenmusculatur) und in eine Pars vesicalis (Durchtritt durch die Blasenwand) bezüglich der beiden letzten Abschnitte für den Chirurgen eine gewisse Verschiebung. Für diesen hört die Pars pelvina eben schon an dem Punkte auf, wo der Harnleiter aus der Basis des breiten Mutterbandes an die hintere Blasenwand tritt, um sofort mit ihr sich innig zu verbinden. Hier beginnt bereits die eigentliche Pars vesicalis. Der im Ganzen ca. 26 cm lange Ureter des Weibes gliedert sich demnach für die practische Betrachtung in eine Pars abdominalis von 14 cm Länge, eine Pars pelvina von ca. 7 cm und eine Pars vesicalis von ca. 5 cm Länge.

Aus dem Gesagten folgt zunächst, dass wenn man die Blase mit der vorderen Scheidenwand vollständig in die Höhe schieben will, man sich nicht damit begnügen darf, die lose Verbindung mit der Cervix allein zu lösen, sondern dass man die Abstreifung auch nach den Seiten auf die breiten Mutterbänder und das paravaginale Bindegewebe ausdehnen muss. Das einzige Punctum fixum bei der Blasenablösung bildet der Blasenhals, d. h. der Uebergang der Blase in die fixe Urethra, während in allen an-

---

[1]) A. Mackenrodt, Beitrag zur Verbesserung der Dauerresultate der Totalexstirpation bei Carcinoma uteri. Zeitschr. f. Geburtsh. u. Gynäkolog. Bd. 29. S. 157 ff.

deren Abschnitten die Haftung des Organes eine ungemein zarte ist. Etwas strafere Verbindung mit dem Scheidenrohr hat die Blase allein im Bereich des Trigonum Lieutaudi.

Weiterhin ergiebt sich, dass, sofern die Blase vollständig in die Höhe geschoben wird, die Pars vesicalis ureteris in unserem Sinn diese Dislocation mitmachen muss. Das von den Autoren als besonderer Act der vaginalen Uterusexstirpation gekennzeichnete „Blasendécollement" ist somit nicht bloss eine Ablösung der Blase vom Uterus, sondern in umfassenderem Sinne eine Lösung der Blase sammt Pars vesicalis der Ureteren vom Uterus und dem Kern des Ligamentum latum, sowie dem Ligamentum cardinale und dem paravaginalen Gewebe.

Bei der Bedeutung der topographisch-anatomischen Beziehungen der Harnorgane zum Genitalsystem für die vaginale Radicaloperation haben wir es für geboten erachtet, durch Prüfung an Leichen und Leichenpräparaten diese Frage zu klären. Das Folgende resumirt die aus unseren Untersuchungen gewonnene Auffassung.

Bei der Betrachtung des Ureterverlaufs sieht man zunächst die flach S-förmige Pars abdominalis im lockeren retroperitonealen Zellgewebe, dem Musculus psoas aufgelagert, vom äusseren zum inneren Rand desselben convergirend herabsteigen[1]).

Dann die Pars pelvina im oben definirten Sinne: jederseits der seitlichen Wand des kleinen Beckens angeschmiegt, beschreibt dieser Harnleiterabschnitt, links medial, rechts lateral zur Arteria hypogastrica, eine flache nach aussen hinten convexe Bogenlinie, die bis zur Basis des breiten Mutterbandes, zum Ligamentum cardinale, herabläuft und das lose Bindegewebe desselben im lateralen Ende, sich nunmehr nach vorn und medianwärts wendend, durchsetzt. Unmittelbar nach diesem Durchtritt kreuzt sich der Harnleiter in der Höhe der Basis des breiten Ligamentes mit dem Ligamentum rotundum, das über ihn hinwegzieht, und tritt dicht daneben in der gleichen Horizontalebene über die grossen uterinen Gefässe (Arteria uterina und Venenplexus) hinüber alsbald an die hintere Blasenwand, die sich seitlich auf das parafornicale und paracervicale Gewebe, wie oben ausgeführt, erstreckt. Mit ihr verbindet er sich hier innig als Pars vesicalis in unserem Sinne.

Der Ureter durchsetzt also keineswegs, wie man nur zu leicht aus einem flach ausgebreiteten Leichenpräparat schliessen könnte, von der Höhe des Ligamentum infundibulo-pelvicum aus schräg nach innen unten herabsteigend geradlinig den ganzen bindegewebigen Kern des breiten Mutterbandes.

---

[1] Vergl. Luschka, Topogr. d. Harnleiter des Weibes. Arch. f. Gynäkol. Bd. 3. S. 373 ff.

Topographisch-anatomische Beziehungen der Harnorgane zum Genitalsystem. 83

Wie sollte sich das mit der schon von Luschka gefundenen Thatsache vereinigen lassen, dass der Abstand der im abdominalen Theil convergirenden Harnleiter im kleinen Becken wieder zunimmt, dass er an einer bestimmten Stelle, nämlich in der Höhenlinie des 4. Sacralwirbels, um $2^{1}/_{2}$ cm grösser ist als an ihrem renalen Ursprung: $11^{1}/_{2}$ gegen höchstens 9 cm?

Es ist vielmehr durchaus daran festzuhalten, dass der Harnleiter nur das lateralste Ende der bindegewebigen Basis des breiten Mutterbandes durchsetzt, im Uebrigen aber mit dem Bindegewebskern desselben in dessen ganzer Höhe und Ausdehnung Nichts zu thun hat.

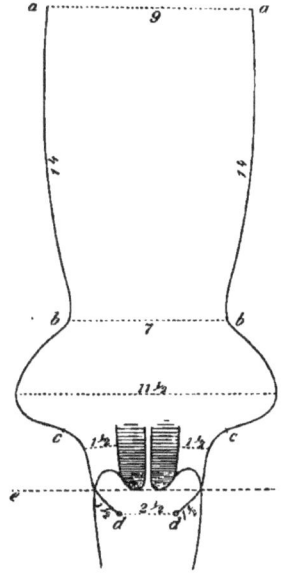

Fig. 22.

Schema des Ureterverlaufes nach Dr. Ludwig Pick[1]).

Partes abdominales der Harnleiter (a b) = 14 cm; der übrige Theil des Ureters (b d) = 12 cm gliedert sich in die grösstentheils der Wand des kleinen Beckens angelagerte Pars pelvina (b c) = 7 cm und die der Blasenwand innig angeheftete Pars vesicalis (c d) = 5 cm; Punkt c entspricht dem Durchtritt des Harnleiters durch den lateralsten Theil des Ligamentum cardinale. Weiteres s. Text.

---

[1]) Dr. L. Pick, Assistenzarzt an unserer Klinik, hat das obige Schema nach eingehenderen Untersuchungen und Messungen des Harnleiterverlaufs beim Weibe entworfen.

6*

Da unmittelbar nach diesem Durchtritt die Pars pelvina des Harnleiters in die Pars vesicalis übergeht, so folgt, dass jede Verschiebung der Blase plus Pars vesicalis der Ureteren deren Pars pelvina soweit mit beeinflussen muss, als sie in jenem losen und lockeren Bindegewebe der Mutterbandsbasis verläuft.

Das Punctum fixum des Ureters bei einer sachgemässen Blasenabschiebung liegt demnach jenseits der Durchtrittsstelle des Harnleiters durch die Basis des breiten Mutterbandes, renalwärts davon, an der Wand des kleinen Beckens. Der Abstand dieses Punctum fixum von der Gebärmutter, in transversaler Richtung gemessen, ist also gegeben durch die ganze Breite des Ligamentum cardinale, d. h. durch eine Linie von jederseits ca. 5 cm.

Man kann nach Alledem sagen, dass einerseits die Blase und Ureteren von ihrem Eintritt in das kleine Becken ab, die inneren Genitalien andrerseits mitsammt den breiten Mutterbändern und den darin verlaufenden grossen Gefässen zwei von einander unabhängig dislocirbare Systeme darstellen, geschieden durch ein leicht in seiner ganzen Continuität zu trennendes Bindegewebslager. Beide Systeme sind in Frontalebenen hintereinander coulissenartig angeordnet. Die vollkommene Abschiebung der Blase, insbesondere in den Seitenpartieen, bedingt auch die vollkommene Lösung der Ureteren bis in die Gegend der kleinen Beckenwand und schafft somit beiderseits vom Uterus Operationsflächen, die der ganzen Ausdehnung der breiten Mutterbänder entsprechen.

Ist erst einmal bei der Operation die Trennung der beiden Systeme durch Dislocation von Blase und Ureteren nach oben und durch Zug der Genitalien und ihrer Haltebänder nach unten erfolgt, so braucht man nur diesen künstlichen Situs durch Ecarteure etc. zu erhalten, um im Weiterverlauf der Operation vor Verletzungen des Harnapparates beim Herauslösen und Herausschneiden der inneren Genitalien gesichert zu sein.

Die Erfahrung hat gelehrt, dass Rücksichten auf Störungen der Gefässversorgung oder Innervation bei ausgiebigstem Decollement der Blase und Harnleiter uns nicht zu stören brauchen. Dass jedoch das Decollement keinen jederzeit harmlosen Act darstellt, sieht man in gewissen Fällen an dem zuweilen tagelang blutigen Urin post operationem oder der Harnverhaltung, die zum Theil wenigstens auf directe Schädigung der Muskeln oder Nerven des Organs zu beziehen sein dürfte. Aber auf der andern Seite wird die Thatsache, dass Gangrän etc. oder functionelle, vielleicht dauernde Störungen am Harnapparate nach diesem schweren vaginalen Eingriff von keiner Seite beobachtet sind, dadurch erklärt, dass die Blase in ihren vorderen Verbindungen nicht berührt wird, in ihrer übrigen Circumferenz aber mit einer relativ dicken Schicht

Bindegewebes bedeckt bleibt, welches ihre den Vasa hypogastrica entstammenden Gefässe und ihre Nerven führt.

Dass man die Blase aber sogar auch noch theilweise an ihrer Vorderfläche ohne jeden nutritiven und functionellen Schaden ablösen kann, beweisen die Erfolge der mit Längsschnitt an der vorderen Scheidenwand begonnenen Uterusexstirpation. —

Hat sich der Ureter nach der Kreuzung mit dem pericervicalen Venenplexus und dem Uebertritt über die Arteria uterina der hinteren Blasenwand angeheftet, so gestaltet sich sein weiterer Verlauf — die Pars vesicalis in unserem Sinne — so, dass er nunmehr in flach S-förmiger Biegung neben der Pars supravaginalis der Cervix uteri und dem Scheidengewölbe einherzieht (Fig. 22). Bei stets wachsender Annäherung an diese Theile tritt der Harnleiter in der Höhe einer durch den tiefsten Punkt der Portio gelegten Ebene jederseits unter sehr spitzem Winkel auf die vordere Wand der Vagina über. Es ist dieser Punkt zugleich etwa die Grenze zwischen oberem Scheidentheil und dem Gewölbetheil der Vagina. Hier auf der vorderen Scheidenwand, zwischen dieser und der Blasenwand eingezwängt, verlaufen schliesslich jederseits in $1^1/_2$ cm Länge die Harnleiter zu ihren $2^1/_2$ cm von einander entfernten Mündungen an den Ecken des Trigonum Lieutaudi. Projicirt man diese Einmündungspunkte auf die Scheidenwand, so fallen sie auf die Grenzlinie zwischen mittlerem und oberem Scheidendrittel.

Die Entfernung der Partes vesicales der Ureteren vom Collum beträgt jederseits an der Stelle der grössten Annäherung an den Mutterhals, nämlich in seinem unteren Drittel, ca. $1^1/_2$ cm.

Wird die frei bewegliche Gebärmutter an der Portio in die Scheide heruntergezogen, so erleiden nothwendig sowohl Blase wie Harnleiter zugleich mit der Gebärmutter eine bestimmte Dislocation. Die hintere untere Blasenwand formirt, wie der eingeführte Katheter leicht nachweist, eine übrigens individuell verschieden grosse Cystocele; die convergirenden Harnleiter aber müssen dadurch, dass der untere, nach oben dicker werdende Gebärmutterabschnitt wie ein Keil zwischen sie hineingezogen wird, eine grössere Annäherung an den Mutterhals erfahren. Denn die Dislocation von Blase und Harnleitern beim Zug an der Gebärmutter ist eine relativ viel geringere als die des Mutterhalses. Das Collum muss sich geradezu zwischen die Harnleiter einklemmen, die bis an die Beckenwand heran durch den Zug nach unten eine gewisse Streckung erhalten. Indem das Scheidengewölbe mit der Portio nach dem Introitus vaginae und oft bis vor die Vulva herabgezogen werden kann und somit weit unter das Niveau der Blasenmündung der Ureteren heruntertritt, gewinnt der der Scheide aufgelagerte Harnleitertheil bis zum Blasenansatz eine horizontale oder sogar aufsteigende Richtung.

Jedenfalls müssen beim Herunterziehen eines normal beweglichen Uterus Blase und Partes vesicales der Harnleiter in den vorderen Scheidengrund zusammenrücken.

Aus diesen Erwägungen ergiebt sich die Begründung der Vorschrift, mit dem Anfangsschnitt vorn und — der Sicherheit halber — auch seitlich sich möglichst dem äusseren Muttermunde genähert zu halten, während der Schnitt hinten weit auf die Scheide übertreten darf. Führt man bei heruntergezogenem Uterus vorn den Schnitt zu weit ab vom Muttermund, so kann man in den Seitenabschnitten des vorderen Bogenschnittes in die Ureteren, in der Mitte in die Blase gerathen.

Ist der Uterus fixirt und darum nicht herunterziehbar, so bleiben naturgemäss auch Blase und Ureteren in situ. Dann besteht die Gefahr der Schnittverletzung für die Blase im vorderen Scheidengewölbe. Die Ureteren aber sind in den seitlichen Scheidengewölben bedroht, zumal sie durch paracervicitische Schwielen und Narbenbildungen an dasselbe noch angenähert sein können.

Neuere Statistiken haben auf die häufigere Verletzung des rechten Ureters gegenüber dem linken bei der Hysterectomia vaginalis hingewiesen. Man hat für diese Thatsache, die bei dem geringen Umfang des Materials den Verdacht des Zufalles nicht absolut ausschliessen lässt, eine Reihe von Erklärungen angegeben[1]). Tuffier schiebt die Schuld auf die grössere Unbequemlichkeit beim Anlegen der Klemmen an die rechten Uterusanhänge, die mit ihrer Spitze zu weit lateralwärts reichend, den Ureter verletzen können. Fournel hat bei mehreren Gelegenheiten eine Art mechanischer Begründung gegeben. Einmal dirigire die linke an den Muzeux's nach unten ziehenden Hand des Operateurs stets unwillkürlich aus der Medianlinie heraus den Uterus nach rechts und lasse so die Blase auf dieser Seite und den rechten Ureter vor dem abstreifenden rechten Zeigefinger zurückweichen, zweitens trete bei Annäherung der in Mittelstellung zwischen Pro- und Supination befindlichen linken Hand an den Körper unwillkürlich eine Supination ein, welche die rechte Uteruskante sammt dem Ureter nach hinten drehe und diese so dem abstreifenden Finger noch mehr entziehe.

Nicht ganz zutreffend ist übrigens die Ansicht Fournel's, dass die Beziehungen der Harnleiter zum Mutterhalse beiderseits die gleichen seien. Die Entfernung der Ureteren nicht bloss vom Mutterhals, sondern überhaupt vom Uterus bietet beiderseits gewisse Differenzen, die bei Befolgung der oben für die Dislocirung von Blase und Ureteren gegebenen Regeln practisch von geringerer Bedeutung, im anatomischen Sinne jedoch gewiss bemerkenswerth sind. Man höre darüber Luschka (l. c. S. 377):

„Da eine im geringeren Grade ausgesprochene Ablenkung der Längenaxe der Gebärmutter von der imaginären Medianebene des Beckens die Norm und abhängig von der Lage des Mastdarmes zu sein scheint, kann es nicht fehlen, dass einer der beiden Ureteren dem Uterus meist näher als der andere gerückt ist. Wegen der linksseitigen Lage des Rectum kommt die Ablenkung des Uterus am häufig-

---

[1]) Discussion über den Vortrag von G. Richelot: „Sur un procédé définitif d'hystérectomie abdominale total. pour fibromes utérins". Revue obstétricale et gynécologique. Vol. 8. No. 7 et 8. 1895, und Gaz. des hôpit. No. 49. 1895.

sten nach rechts zu Stande, womit dann die Annäherung des rechten Harnleiters concurrirt, während beim ausnahmsweisen Verlaufe des Mastdarmes von rechts nach links herab das umgekehrte Verhältniss die Folge zu sein pflegt."

In der That wäre hiernach bei ungenügendem Décollement der Blase und Harnleiter eine Ureterverletzung, zumal bei präventiver Klemmung, eher rechts möglich.

Luschka hebt des Weiteren hervor, dass die „Distanz der Harnleiter vom Uterus nach dem physiologischen Zustande dieses Organes schwanken muss", und es ist einleuchtend, dass, ebenso wie peri- und parametane retrahirende Processe, auch pathologische Formänderungen der Gebärmutter durch Geschwulstbildungen aller Art (Myome, Carcinome etc.) die Lagebeziehungen der Harnleiter ändern müssen. Aber auch hier bleibt bei vollster Berücksichtigung der individuellen Verhältnisse das für das „Décollement" der Blase entwickelte Grundprincip unangetastet bestehen: möglichst vollständige Abschiebung der Blase und Ureteren vorn median wie an den Seiten.

4. Act: Eröffnung der Bauchhöhle.

Handelt es sich allein um eine probatorische Incision, so muss, je nachdem die zu palpirenden Theile mehr nach vorn oder nach hinten vom Uterus entwickelt sind, nach entsprechendem Scheidenschnitt die vordere oder hintere Umschlagsfalte des Bauchfells, der vordere oder hintere Douglas eröffnet werden.

Wie bemerkt, durchtrennt den hinteren Douglas zuweilen bereits der erste Scheerenschnitt hinten im Scheidengrund, oder die dünne Bauchfelllamelle wird nach dem Schleimhautschnitt im hinteren Scheidengrund von dem bohrenden Finger bei der Abstreifung des periproctalen Zellgewebes durchstossen. Weicht aber die oft nur zu elastische Haut vor dem andringenden Finger zurück, so muss man mit einer Klemme sich eine Falte vorziehen und diese mit der Scheerenspitze quer eröffnen. Die nothwendige Erweiterung besorgt der Finger.

Soll vorn probatorisch eingeschnitten werden, so wird, gleichviel ob man mit dem transversalen oder sagittalen Scheidenschnitt begonnen hat, zunächst, wie beschrieben, die Blase sammt Ureteren nach oben vollständig aus dem Operationsbereich hinausgeschoben. Alsbald erscheint die peritoneale Umschlagsstelle (Plica vesico-uterina), wenn unverändert, als glänzender bläulicher Wulst, bei Perimetritis als dickere weissliche Membran, die übrigens wie der hintere Douglas sich auf den Uterus in gewissen Breiten verschieden weit herabstreckt. Thunlichst in der Medianlinie wird die ins Gesichtsfeld getretene Bauchfellfalte mit senkrecht aufgesetzter Scheere transversal geschlitzt: die Scheere wird mit geschlossenen Branchen in das kleine Loch eine kurze Strecke weit eingeführt und dieses durch Spreizen erweitert. Der obere Theil des (Fig. 23) Vorderblatts der Falte zieht sich von selbst, der Blase nach, aus dem Operationsfeld zurück. Nun dringt der Finger vor dem Uterus in die eröffnete Bauchhöhle.

88   Die Technik der vaginalen Radicaloperation.

Wo man den Probeschnitt auch anlegt, ob vorn, ob hinten, nirgends trifft man — weder beim Abstreifen des pericervicalen Gewebes noch bei der Durchbohrung oder Schlitzung des Bauchfells — auf eine Berücksichtigung erheischende Blutung.

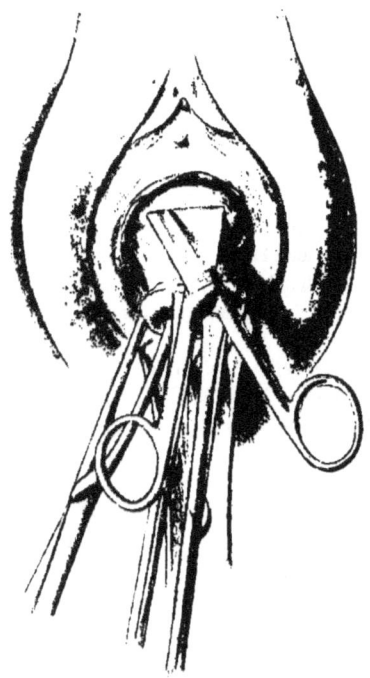

Fig. 23.
Einführen und Spreizen der Scheere in die eröffnete Excavatio vesico-uterina.

Genau ebenso vollzieht sich die Bauchfelleröffnung bei der intendirten resp. an einen Probeschnitt angeschlossenen Hysterectomie, nur dass man, wenn hinten der bohrende Finger nicht alsbald den Douglas durchstösst, sich mit der Eröffnung der Plica vesico-uterina allein vorerst begnügt. Der hintere Douglas wird alsdann erst nach dem folgenden Operationsact, der Entwicklung der inneren Genitalien, eröffnet.

5. Act: Luxation des Uterus und seiner Anhänge in die Scheide.

Nunmehr wird die Gebärmutter mit einem oder zwei Fingern, die in in den eröffneten hinteren Douglas eingeführt werden oder die noch uneröffnete Bauchfellfalte an dieser Stelle hochstülpen, möglichst in Anteflexions-

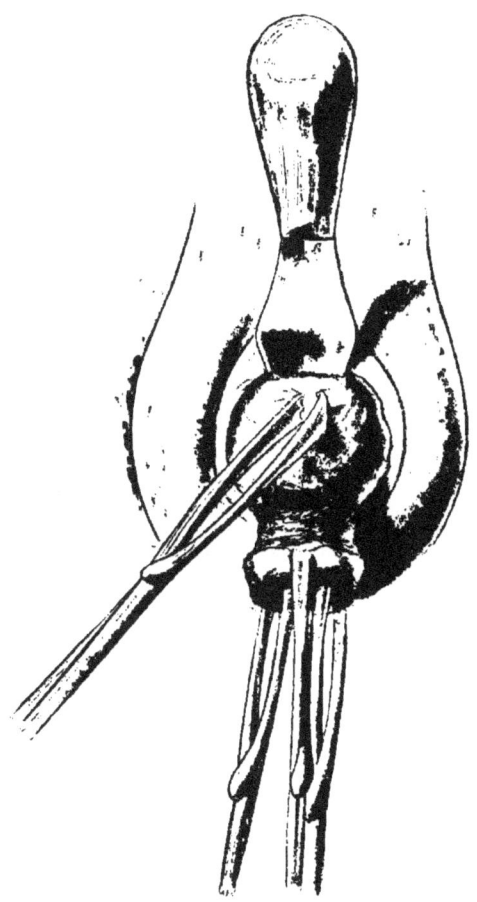

Fig. 24.

Uterus (Carcinoma portionis) aus der Beckenhöhle luxirt.

stellung gebracht. Zugleich werden ein bis zwei Muzeux's in die freie Vorderfläche des Uterus dicht am Fundus in der Mittellinie senkrecht eingekrallt, nachdem bereits unmittelbar nach Eröffnung der Plica vesicouterina ein Ecarteur zum Schutze der Blase und Harnleiter eingeführt ist. Dieser streift die zurückgeschlüpfte Bauchfelllamelle, um die wir uns im weiteren Verlauf der Operation überhaupt nicht mehr kümmern, hinter den Fundus des Uterus.

Durch Combination des Fingerdrucks von hinten und des Zuges der Hakenzangen von vorn wird der Uterus leicht aus der Beckenhöhle hervorgezogen: das Organ schlüpft unter die eröffnete vordere Scheidenwand wie ein Fuss aus dem Schuh, und jetzt befindet sich der luxirte Uterus ganz frei in der Scheide, oft sogar vor der Vulva, mit seiner Rückenfläche gegen die Symphyse gestemmt, von den Ligamentis latis nach oben seitlich wie von stark federnden Seilen gehalten. (Fig. 24.) Das Nachstürzen von Darm oder Netz hindert der Ecarteur und eine schnell hergestellte leichte Beckenhochlagerung der Kranken.

Zuweilen muss man bei engen Raumverhältnissen bei dem Luxationsact den vorderen Ecarteur ebenso wie die Finger aus dem hinteren Douglas entfernen. Dann unterstützt man zweckmässig den Zug an der vorderen Uteruswand durch Drängen der Portio nach hinten oben mittelst der hier seit dem Operationsanfang liegenden Hakenzangen. Der vordere Ecarteur wird sofort nach der Hervorwälzung der Gebärmutter wieder eingeführt. Er bildet im ganzen weiteren Verlauf der Operation den wesentlichen Schutz für Blase und Därme.

Die Anwendung der Muzeux's zum Herausziehen der Gebärmutter verdient vor den zu gleichem Zwecke üblichen Seidenzügeln oder scharfen Wundhaken den Vorzug. Bei sehr mürber und weicher Beschaffenheit des Uterusparenchyms empfiehlt es sich gelegentlich, anstatt mittelst eingekrallter Haken das Organ mit einem über den Fundus an die Hinterfläche geführten kurzen Seitenhebel hervorzuziehen.

Ist der hintere Douglas bisher nicht eröffnet, so durchtrennt man die Bauchfellfalte am Scheidenansatz von oben oder unten her, am besten, in einer für die Nachbartheile absolut sicheren Weise, indem man sie mit einer geschlossenen schwachen Klemme durchstösst. Die Klemmenspitze wird dabei durch die von oben hinter den Fundus und die vom hinteren Scheidenschnitt her eingeführten Finger gedeckt. (Fig. 25.)

Die Tuben und Ovarien, bald gesund, bald verändert, sind jetzt nach vollkommener Hervorwälzung des Uterus an seiner Hinterfläche beiderseits sichtbar. Verstärkt man die Anteflexio uteri durch gelinden Zug, so kann man häufig die Anhänge bis zum Ligamentum infundibulo pelvicum übersehen, lösen und hervorziehen. Man holt sie mit den Fingern, längs des Isthmus tubae eingehend, hervor oder bedient sich dazu zweckmässig der Ovarialzangen (Fig. 9), die ihren Druck auf eine grosse Fläche vertheilend, mit ihren elastischen Branchen das Gewebe nicht zerquetschen (Fig. 26).

Sind die Anhänge fixirt, so werden ihre Verwachsungen gelöst. Dazu genügt die Einführung eines (Zeige-)Fingers oder zweier (Zeige- und Mittel-)

Fig. 25.
Eröffnung der hinteren Douglasischen Falte. Durchstossen mit einer Klemme von oben.

Finger, die unter schälenden Bewegungen Tuben und Ovarien befreien. Um Adnextumoren extrahiren zu können, ist es oft rathsam, ein oder zwei Finger jeder Hand in die Bauchhöhle einzuführen. Sie umfassen die Adnexgeschwulst wie die Zangenlöffel den Kopf des Kindes und entwickeln sie unter möglichster Schonung der Continuität. Was von den Anhängen frei geworden ist, wird mit Ovarialzangen gefasst, gesichert und hervorgezogen. Bimanuelle Handgriffe wie bei der gewöhnlichen gynäkologischen Untersuchung — eine Hand auf den Bauchdecken — sind für die einfachen, hier zu behandelnden Fälle entbehrlich.

Bei beweglicher Gebärmutter ist es leicht, den Körper auch durch den Schlitz im hinteren Scheidengrund vorzuziehen, indem man den Uterus nach hinten umkippt. Im Allgemeinen möchten wir uns dieses Vorgehens

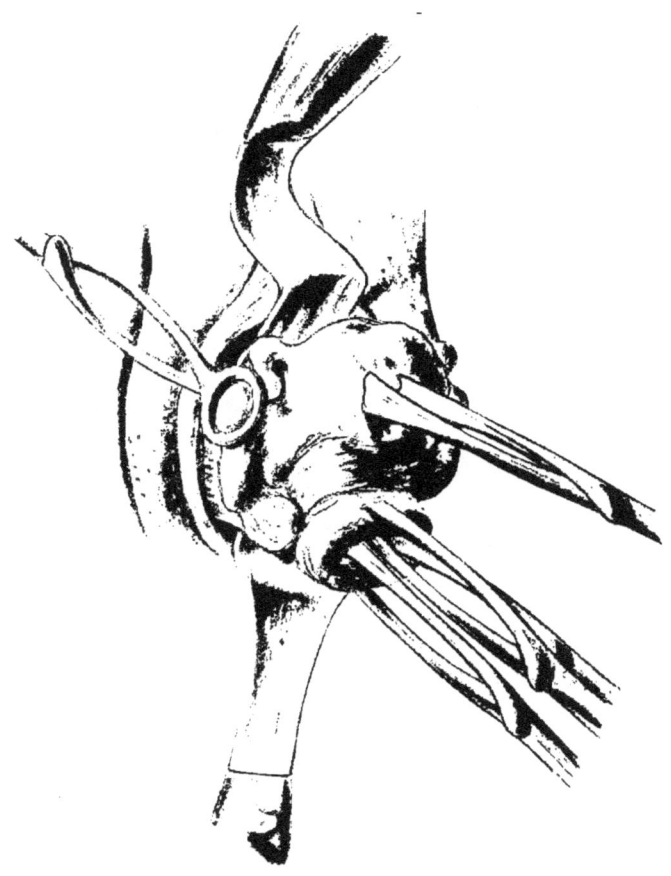

Fig. 26.

Uterus (Carcinoma portionis) mit beiderseitigen Adnexen in die Scheide gezogen.
Rechte Anhänge durch eine Ovarialzange gehalten.

entschlagen. Will man es anwenden, so ist jedenfalls vor der Kippung nach hinten der Uterus sorgfältigst von seinen Verbindungen mit der Blase und den Harnleitern zu lösen. Hierzu gemahnt die Besorgniss, es könnte bei der Luxation nach hinten eine Blasenzerreissung eintreten. Man kann von dieser Methode vielleicht dann Gebrauch machen, wenn es sich um die Ausschneidung eines der Portio beraubten Uterus handelt und man von vornherein zwecks möglichster Schonung der Nachbarorgane an der hinteren Gebärmutterwand mit Scheere und Greifzangen die Operation beginnen muss; oder wenn excessive Grade fixirter Retroflexio uteri vorliegen; oder endlich gelegentlich der später zu schildernden Hemisectio uteri mediana posterior.

Ist der Uterus mit den gesammten Anhängen in die Scheide luxirt, so ist auch jetzt noch für das Schicksal der aus der Bauchhöhle zur directen Besichtigung und Betastung hervorgezogenen inneren Genitalien wenig präjudicirt. Man könnte — genau wie nach blossem explorativen Scheidenbauchschnitt — selbst bei dieser ausgiebigeren Auslösung des Halstheiles die Operation in diesem Punkte noch abbrechen, nachdem vielleicht perisalpingitische oder perioophoritische Verwachsungen gelöst und zerrissen, Cysten am Eierstock oder in peritonitischen Adhäsionssträngen angestochen und entleert sind. Uterus und Anhänge könnten ohne Schaden wie eine luxirte Extremität reponirt werden, denn auch nicht eines der grossen ernährenden Gefässe ist bis zu diesem Punkte ausgeschaltet. Man könnte auch ein- oder doppelseitig an den Anhängen operiren oder diese wegschneiden, sei es bei entzündlichen Neubildungen, bei kleinen genuinen Geschwulstbildungen oder bei Tubargravidität; man könnte aus der Substanz des Uterus Myome ausschälen oder sonst an den Anhängen plastische Operationen (Ovarialresectionen, Salpingectomie) vornehmen: genug, dem ganzen Indicationscomplex der „vaginalen Koeliotomie" auch jetzt noch genügen.

Bis jetzt hat man sich bei dieser Methode mit dem blossen Schnitt vorn oder hinten in der Scheide begnügt. Aber der Uterus verträgt gewiss auch die Combination des vorderen und hinteren Scheidenbauchschnittes, und es ist vielleicht schon der allernächsten Zukunft vorbehalten, dass diese Methode mit ihren „ganz besonderen Vorzügen" entdeckt wird. —

Bei der vaginalen Radicaloperation gehen wir geraden Schrittes auf dem betretenen Wege weiter und schreiten jetzt zur Blutstillung und Excision der Theile.

6. Act: Blutstillung und Excision der Theile; Zahl der Klemmen und Art ihrer Anlegung.

Uterus und Adnexe sind also vollständig freigemacht und in die Scheide hinein entwickelt. Rechts und links haben sich die Stiele formirt. Eine Blutstillung von irgendwelcher Bedeutung aber ist bis zu diesem Punkte nicht vollzogen. Man kann jetzt zur Naht übergehen oder Klemmen anlegen. Denn es ist ebenso leicht, da man an blossgelegten Organen operirt, die Theile mit Ligaturen zu versorgen als die Blutung durch Klemmen zu stillen. Wir verzichten darauf, die Darlegung der Gründe für die von uns ausschliesslich beliebte Anwendung der Pincen wieder aufzunehmen.

Hier wie überhaupt bei jeder Uterusexstirpation mit Hilfe der Klemmen kommen verschiedene Varianten in Betracht: man kann die Klemmen von oben oder von unten her anlgen, man kann wenige (ein bis zwei auf jeder Seite) mit langem Maul oder mehrere mit kurzem Maul vorschieben. Soweit man hier überhaupt allgemeine Regeln aufstellen will, leiten sich diese von dem pathologisch-anatomischen Verhalten der Gebärmutter und der Anhänge ab, und zwar kann man sagen: bei der Möglichkeit primärer Freilegung und Stielung aller Theile sind nicht bloss alle genannten Varianten der Klemmanlegung möglich, sondern sie sind auch alle opportun. Wo dagegen diese Möglichkeit nicht besteht, also Einzelstiele präventiv versorgt werden müssen, ergiebt sich eo ipso die Nothwendigkeit, viele Klemmen und zwar von unten her anzulegen.

Bei den erstgenannten Fällen, bei „consecutiver" Abklemmung, d. h. bei Abklemmung nach völliger Entwickelung der Theile, kann man über die Richtung der Klemmen ebensogut discutiren, wie etwa über die Bevorzugung der Naht. Es ist mithin nicht berechtigt, in gesetzmässiger Form kategorisch zu bestimmen, wie es Baudron als Wortführer französischer Operateure thut (l. c. 57): „Le pincement hémostatique des ligaments larges est préventif ou consécutif: dans le premier cas, on le fait de bas en haut, dans le second cas, de haut en bas." Denn es ist kaum wesentlich, von welcher Richtung her man die „consecutive" Klemme vorschiebt.

Operateure, welche stehend operiren, werden unwillkürlich die Klemmen von oben her appliciren, und es ist zuzugeben, dass auf diese Weise noch eine Torsion der zuführenden Gefässe zu der Klemmung als zweites Blutstillungsmittel hinzukommt. Denn bei der Senkung der Griffe nach unten kommt es nothwendig zu einer Drehung der geklemmten Gefässe um fast 180°.

Operateure, die im Sitzen zu operiren pflegen, werden ebenso unbewusst die Klemmen von unten her anbringen, wodurch die Stümpfe leichter und stärker nach unten in die Scheide gezerrt werden und so deren extraperitoneale Lagerung besser gewährleistet wird. Hier bildet sich durch den Zug an den Stümpfen ein Trichter, dessen langausgezogene Spitze an richtiger Stelle intravaginal und extraperitoneal gelagert bleiben muss.

Erzielt man beim Anlegen der Klemmen, ob von oben oder von unten her, gleich gute Erfolge, so gilt dies auch im Allgemeinen für die Zahl derselben. Gewiss ist es technisch leicht, sobald man eben an den gänzlich entwickelten Organen arbeitet, eine einzige grosse Klemme jederseits vom Ligamentum infundibulo-pelvicum bis zur Basis des Ligamentum latum oder umgekehrt vorzuschieben, vor der man zweckmässig (Doyen) zur Sicherung gegen Retraction des Gewebes aus dem zusammenpressenden Zangenmaul noch eine ebensolange schwächere anlegt. Und es ist nicht

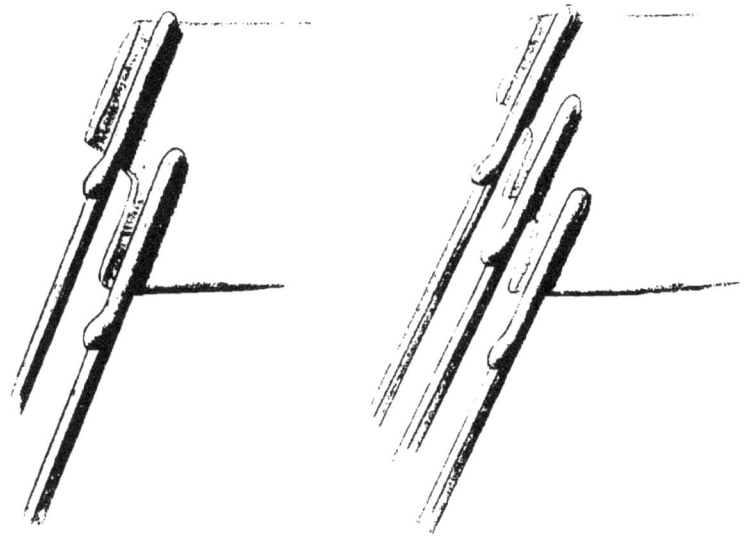

Fig. 27. Fig. 28.

Anlegung der Klemmen von unten (schematisch).[1]

recht einzusehen, weshalb man gerade bei der Anlegung einer Klemme, bei voller Unterstützung durch Auge und Tastsinn, den Darm oder Ureter besonders gefährden sollte, wie hier eingewendet worden ist.

---

[1] Die schematischen Figg. 27, 28, 29, 30, 42, 43 sind nach Zeichnungen von Dr. Vogel angefertigt.

Freilich möchten wir uns für die Anlegung mehrerer Klemmen, eine nach der anderen, eine immer höher als die andere — und zwar von unten her - aussprechen (Figg. 27, 28). Denn erstens wird so eine in allen Stieltheilen gleichmässige Compression und damit absolute Sicherung vor Blutungen erzielt, während die lange elastische Klemme trotz vortrefflichster Arbeit namentlich in der Nähe des Schlosstheiles zuweilen doch eine gewisse Nachgiebigkeit zeigt. Zweitens ist bei der Abnahme mehrerer Klemmen die Gefahr einer Nachblutung eine geringere und — bei der Anlegung von unten — ist es bei der Entfernung der Pincen unmöglich, dass bei etwa noch vorhandener Elasticität der torquirten Stümpfe eine schnellende Rückdrehung die Thromben lockert. Dazu kommt schliesslich, dass bei einer etwaigen Gewebsretraction, die aus einer Klemme intra operationem gelegentlich wie bei der Naht erfolgen kann, nach Anwendung mehrerer Klemmen die Aufsuchung und Freilegung der blutenden Stellen unter Beihilfe der bereits angelegten Pincen, die als Ecarteure und Zuginstrumente dienen, in leichter Weise erfolgt.

Aber wir wollen gestehen: diese Erwägungen sind immerhin mehr theoretischer Natur, und wir wie Andere haben mit wenigen und langen Pincen, mit kurzen und vielen, bei der Application von oben oder unten her, gleich gute Erfolge erzielt.

Nur einen Punkt möchten wir, durch die Praxis belehrt, für die Klemmtechnik hier noch hervorheben: man soll, sobald man ein Ligament mit mehr als einer Klemme versorgt, nie die Richtung wechseln, d. h. man muss consequent alle Klemmen entweder von unten — wie wir es empfehlen — oder von oben her anlegen.

Gesetzt, eine Pince ist von unten, die andere von oben her vorgeschoben (Fig. 29), so können durch den Zug der nach unten sich drehenden Klemme an der Berührungsstelle beider Pincen Risse in das venenreiche Ligamentum latum hinein leicht entstehen, die zu profusen Blutungen führen (Fig. 30).

Man setzt sich dieser Eventualität z. B. aus, wenn man das Segond'sche Verfahren (s. Baudron l. c. S. 38 ff. und 41 ff.) übt, der stets und ausnahmslos die Cervix praeventiv, d. h. von unten her versorgt und nach Entwicklung des Uteruskörpers zur consecutiven Blutstillung von oben her schreitet; oder das Verfahren von Quénu (S. 44 ff.), der jederseits von unten her an die Arteria uterina eine Klemme schiebt und nach Entwicklung der beiden Gebärmutterhälften von oben her klemmt.

Im Einzelnen verfährt man, um zu der speciellen Operationsbeschreibung zurückzukehren, in der Weise, dass man den Uterus durch Muzeux's scharf nach vorn und nach der Seite ziehen lässt, welche der zuerst mit Klemmen zu versorgenden entgegengesetzt ist. So wird das betreffende Ligament sammt seinen Gefässen entfaltet. Gewöhnlich beginnen wir mit den linken Anhängen[1]). Besonders wichtig ist es, durch Anziehen der Portio nach der entgegengesetzten Seite die Gegend der Vasa uterina freizulegen.

Es wird jetzt, wie stets bei der Anlegung der Klemmen, durch den Finger des Operateurs an der nicht dem Auge zugänglichen, hinteren Seite des breiten Mutterbandes eine sichere Gleitbahn für die eine Branche der Pince geschaffen. Dieser Finger verhindert, wie auf der vorderen Seite die Controle durch das Auge, ein „Spiessen" und „Dissecciren" des Ligamentum latum durch die Instrumentenspitzen; ebenso die gefährliche Einlagerung von Darm oder Netz.

Fig. 29.   Fig. 30.

---

[1]) Auf Fig. 31, 32, 33 ist dargestellt, wie nach Entwicklung der innern Genitalien mit der Versorgung der rechten Anhänge begonnen wird; in der Regel beginnen wir mit der Abklemmung der linken Seite (s. Text).

98 Die Technik der vaginalen Radicaloperation.

Vom hinteren Douglas her schiebt der Operateur den linken Zeigefinger hinter das betreffende Ligament und nunmehr wird auf ihm von unten die erste Klemme vorgeschoben (Fig. 31).

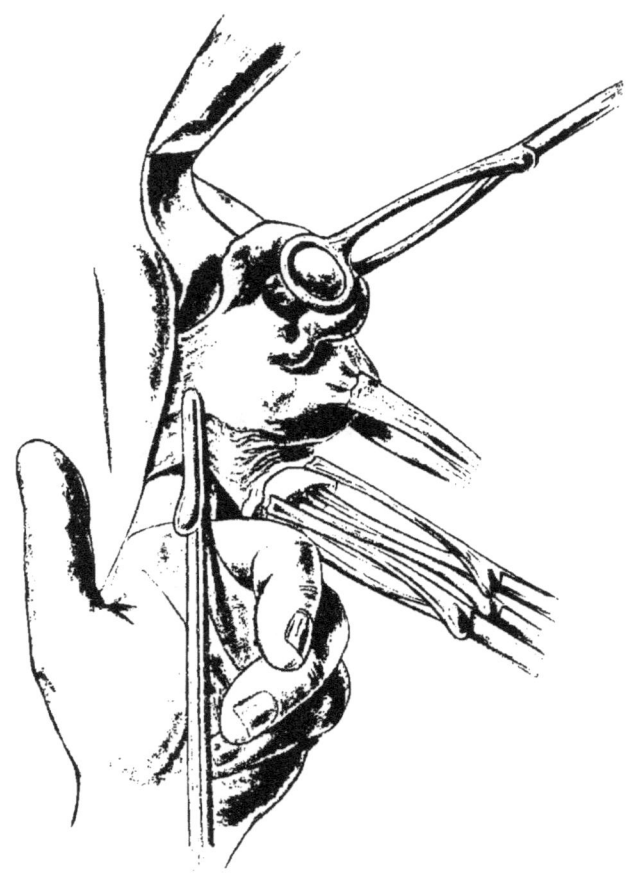

Fig. 31.
Vorschieben der ersten Klemme an den rechten Anhängen. Linker Zeigefinger hinter dem rechten breiten Mutterband.

Stellen sich in die Peritoneallücke Darmschlingen oder Netztheile ein, durch Hustenstösse oder Würgbewegungen vorgepresst, so werden sie auch hier wieder wie in den weiteren Acten, durch Ecarteure, Stielschwämme oder mässige Beckenhochlagerung leicht zurückgehalten.

Will der Operateur grosse, die ganze Höhe des Ligaments fassende Klemmen anwenden und so auf einmal alle Gefässe versorgen, so wird nach Application der grossen Doyen'schen Klemme (Fig. 10a) medial von ihr eine schwächere Sicherheitsklemme angelegt. Medial von diesen wird alsdann das Gewebe mit einigen Scheerenschlägen durchschnitten. Das Messer thut es auch, und wenn man will, natürlich auch der Paquelin.

Ganz naturgemäss ergiebt sich die Richtung der Klemme von unten medial-, nach oben lateralwärts.

Beabsichtigt der Operateur mehrere Klemmen anzulegen, so wird mit der ersten Klemme von unten her das die Vasa uterina enthaltende Gewebe versorgt, alsdann das geklemmte Gewebe annähernd bis zur Spitze der Pince durchtrennt, wodurch für die Anlegung der nächsten Klemme, medial von der ersten, Platz und Richtung gegeben ist. In dieser Weise wird das ganze Ligament mit meist zwei oder drei, höchstens vier Klemmen gefasst, die in regelmässiger Weise eine neben und über der anderen, eine parallel der anderen (Figg. 27, 28) angelegt werden. Die Richtung aller Klemmen ist auch hier von unten medial nach oben lateral, der Flächenausbreitung des Ligamentes im Trichter des kleinen Beckens entsprechend.

Um jede Gewebsretraction aus den Klemmen zu vermeiden, halten wir uns, abgesehen von der Anwendung leistungsfähiger Instrumente, an die Regel, niemals zu nahe an den Mäulern der Pincen das Gewebe des Mutterbandes zu durchtrennen oder es gar glatt auf der Pince zu rasiren.

Dass aus den uterinwärts gelegenen Schnittflächen der Ligamente keine Blutungen erfolgen, erklärt sich durch die eigenartige Gefässanordnung: wie zwischen den Gefässgebieten der beiden Gebärmutterhälften fehlen auch irgendwie nennenswerthe anastomotische Verbindungen zwischen höher und tiefer gelegenen Gefässprovinzen einer Seite.

Da, wie wir gezeigt haben, nach vollendeter Dislocation von Blase und Harnleiter nach oben, beiderseits vom Uterus das ganze Gebiet des Ligamentes für die Ablemmung gefahrlos offensteht, so ist es überflüssig, sich an die z. B. von Baudron (l. c. S. 37) gegebene Vorschrift zu halten: „La section doit être faite le plus près possible du tissu utérin". Im Gegentheil, insbesondere bei der Ausrottung der krebsigen Gebärmutter kann nie genug von dem Nachbargewebe, auch von dem macroscopisch „gesunden", entfernt werden.

Für die Versorgung der andern (rechten) Seite giebt es nunmehr zwei Wege.

Entweder wird hier in durchaus analoger Weise wie an dem zuerst durchtrennten Ligament verfahren: der Uterus, zumal die Portio, wird durch

Hakenzangen scharf nach vorn und zum linken Oberschenkel der Patientin hingezogen, der linke Zeigefinger oder mehrere Finger des Operateurs als Gleitbahn hinter das (rechte) Mutterband gedrängt (Fig. 32). Es folgt die successive Abklemmung und Durchschneidung wie auf der andern Seite, bis die letzte, oberste Pince das Ligamentum infundibulo-pelvicum gefasst hat.

Oder aber es werden, nach einem zweiten Modus, die abgetrennten (linken) Anhangsgebilde sammt dem Uterus um eine durch das noch un-

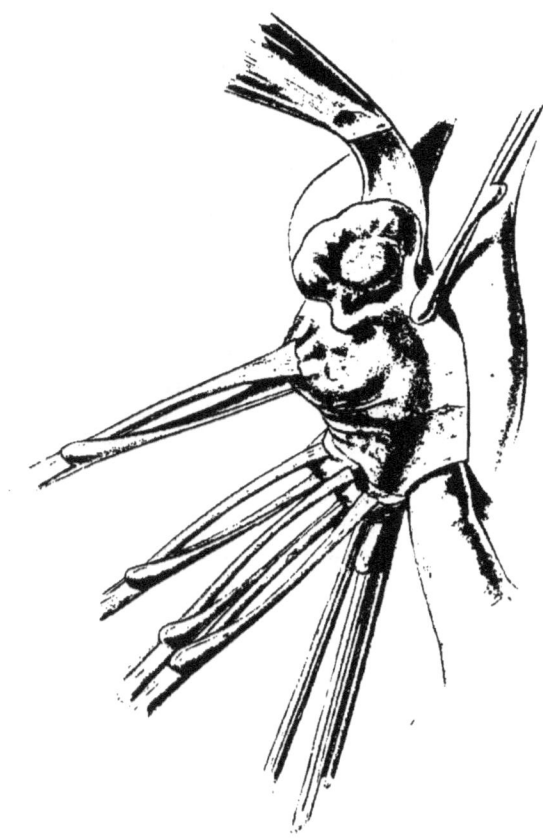

Fig. 32.

Abklemmung der andern (hier der linken) Seite nach dem ersten Modus. Linkes Ligamentum latum von Aussen sichtbar. Rechte Anhänge vom Ligament abgeschnitten; die rechte Seite ist mit drei Klemmen versorgt. Am linken Ligamentum infundibulo-pelvicum eine „markirende" Pince.

berührte (rechte) breite Mutterband vertical gedachte Achse nach aussen, d. h. nach dem entsprechenden (rechten) Oberschenkel der Patientin rotirt. Die in situ hintere Fläche des betreffenden (rechten) Mutterbandes wird so als Ganzes für den Gesichtssinn blossgelegt. Die Finger des Operateurs gleiten an die ursprünglich vordere Seite des Ligamentes, und wiederum wird geklemmt und abgeschnitten — mit einer grossen oder mehreren kleinen Pincen, wie auf der anderen Seite (Fig. 33).

Fig. 33.

Abklemmung der andern (hier der linken) Seite nach dem zweiten Modus. Linkes Ligamentum latum von Innen sichtbar. Rechte Anhänge vom Ligament abgeschnitten; die rechte Seite ist mit drei Klemmen versorgt.

Auf diese Weise kann man den Uterus mit den Tuben und Ovarien oft in viel kürzerer Zeit entfernen, als diese Beschreibung beansprucht; gleichviel, ob es sich um Krebs des Mutterhalses oder -körpers, um multiple Myome, um Adnexentzündungen resp. -eiterungen oder genuine Geschwülste handelt. Die Grundbedingungen für die Anwendbarkeit dieses relativ leichten und einfachen Verfahrens ist allein die unbehinderte Beweglichkeit des Uterus.

Darum kann man, sofern die letztere allein durch die Grösse cystisch veränderter Anhangsgebilde resp. intra- oder extraperitonealer Cysten mit serösem, blutigem oder eitrigem Inhalt aufgehoben ist, sich die Vorbedingung für den in Rede stehenden Modus procedendi der Radicaloperation leicht schaffen: man lässt die Ansammlungen vor der Exstirpation durch Punction mit einem Troicart ab, besser noch durch Schnitt, wobei man diesen möglichst in die spätere Umschneidungslinie der Scheide zu verlegen sucht, oder man bohrt die Säcke nach dem Scheidenschnitte mit dem Finger oder Instrumenten an. Unter Umständen kann man den cystischen Geschwulstbalg vor der Eröffnung auch freilegen, indem man dann freilich die ersten Acte der Uterusexstirpation am mehr oder weniger unbeweglichen Organ unter oft ziemlich unbequemen und störenden Bedingungen — Arbeiten hoch im Scheidengewölbe, grosse Raumbeengung u. dergl. — vornehmen muss.

Eine Entleerung des serösen, blutigen, colloiden, dermoiden oder eitrigen Inhalts der Cysten in den Adnexen leistet für die vaginale Radicaloperation, speciell für die Entfernung der erkrankten Anhänge selbst, natürlich auch dann schätzbare Dienste, wenn die Geschwülste an sich die Beweglichkeit des Uterus in keiner Weise beeinträchtigen, selbst aber in Folge ihrer Grösse im Becken eingekeilt und wenig oder gar nicht mobil sind. Hier kann man in jedem Augenblicke der Operation, am besten aber nach Vollendung der Gebärmutterauslösung, mit Hilfe des Gesichtssinnes die Verkleinerung bewirken.

Der Inhalt der Säcke, der aus den natürlich am tiefsten Punkte, nach der Scheide zu, gesetzten Oeffnungen herausfliesst, ist darum bezüglich peritonealer Infection nicht zu fürchten, als eben in dem natürlichen Wege der Scheide eine Bahn gegeben ist, auf der die Flüssigkeitsmengen ohne vorherige Berührung mit dem Bauchfell sicher abfliessen.

Wir sehen selbst bei reichlichen Entleerungen dieser Art von jeglicher Spülung oder der Anwendung antiseptischer Mittel überhaupt ab, weil nach unserer Erfahrung das blosse Wegtupfen mit sterilisirtem Mull die Infectionsgefahr ausschliesst. Es ist oben ausführlich dargelegt, wie schnell und sicher bei unserer offenen Wundbehandlung der ganze Wundbereich sich selbst extraperitoneal verlegt.

Endlich fügen wir hinzu, dass wir den beachtenswerthen Ergebnissen der neueren Forschung über die Infectionsfähigkeit (Implantation) der epithelialen Elemente der sog. Kolloidkystome des Eierstockes (Pfannenstiel[1]) auch

---

[1] J. Pfannenstiel: Ueber Carcinombildung nach Ovariotomien. Zeitschr. f. Geburtsh. und Gynäkol. Bd. 28. S. 349 ff. 1894.

bei vaginaler Operation dadurch Rechnung tragen, dass wir die eventuelle Entleerung dieser Geschwülste, den Schnitt vermeidend, allein mittels Punction vornehmen, um eine Beimpfung der Wundflächen zu umgehen.

Noch auf ein sonderbares Phänomen sei an dieser Stelle hingewiesen. Zuweilen hört man nach der Ausschneidung des Uterus und der Anhänge ein sonderbar zischendes Geräusch: Stridor vaginalis. Es kommt bei dem respiratorischen Druckwechsel infolge des Lufteintritts in die Bauchhöhle durch den Vaginalschlauch zustande, wenn in besonderen Fällen im Scheidengrund ein klappenartiger Ventilverschluss (Peritonealklappen u. dergl.) besteht.

7. Act: Revision der Wunden, Einführung der Gazestreifen. Verhalten bei zu grosser oder zu kleiner Oeffnung im Scheidengrund.

Nach Entfernung des Uterus und der Anhänge ist die einzige Sorge absolute Blutstillung. Nur bei ganz besonderem Orgasmus der Genitalsphäre — bei Gravidität und Puerperium, bei hyperplastischen Processen am Uterus, bei Operationen in der Zeit der Menses — pflegt es aus dem Schnittrand im vorderen Scheidengrund oder dem vorderen, paravesicalen Gewebe ein wenig zu bluten. Man kann das als seltene Ausnahme bezeichnen. Hier, sowie bei der ziemlich regelmässig auftretenden Blutung aus dem hinteren Scheidenwundrand und dem massigeren lockeren periproctalen Bindegewebe genügen zur Hämostase wenige (3—5) der kornzangenähnlichen leichten Klemmen. Die oft eingerollte hintere Scheidenwand wird dabei leicht mit schwachen Pincen successive ectropionirt.

Bis zum Moment der Ausschneidung der inneren Genitalien besitzt die letztgenannte Blutung keine Bedeutung; denn die betreffenden Gefässe sind bis dahin durch den Uterus comprimirt.

Für die Freilegung der Scheidenwundränder wie überhaupt der geklemmten Stiele leisten jetzt ausser den Ecarteuren die Klemmen selbst gute Dienste. Sie werden in vorsichtiger Weise sortirt und in drei Ebenen gespreizt, so zwar, dass eine derselben der hinteren Vaginalwand correspondirt, die anderen beiden den seitlichen Scheidenwänden entsprechen, mit der ersten jederseits etwa einen rechten Winkel bilden und nach oben ziehen (Fig. 34). (An den vorderen Scheidenwundrand sind, wie gesagt, Pincen äusserst selten angelegt.) Der so entstehende Hohlraum, der durch leichten lateralwärts gerichteten Druck der Pincenspitzen sich nach innen zu erweitert, bildet auf dem Querschnitt an jeder Stelle ein nach oben offenes Trapez. Hier, an der vorderen Vaginalwand, wird der Ecarteur eingeschoben (Fig. 34). Das ganze Wundgebiet, in dessen Grund Darm und Netztheile sich einstellen, liegt jetzt für Auge und Instrumente frei.

Oft haben wir früher mit dem hinteren Scheidenwundrand das hintere Bauchfellblatt, in ähnlicher Weise wie beim Nahtverfahren üblich, zusammengefasst. Neuerdings legen wir auf diese „Bordure" keinen besonderen Werth mehr, sondern kümmern uns nach erfolgter Eröffnung des hintern Douglas, ebenso wie vorn, gar nicht mehr um das Peritoneum.

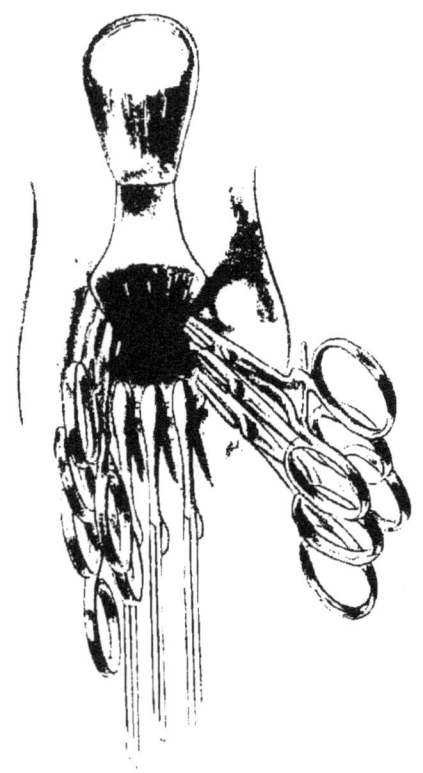

Fig 34.
Freilegung und Spreizung der Wunde durch Klemmen und Ecarteur.

Es folgt die Revision der Stiele. Um vor jeder Nachblutung sicher zu sein, wird der Zug der Klemmen an den Stielen, welchen ihr Eigengewicht oder die Hände der Assistenten bewirken, aufgehoben. Es ist sogar zweckmässig, die Klemmen zur vollkommenen Erschlaffung der

Stiele ein wenig nach innen zu schieben. Etwaige Beckenhochlagerung wird aufgehoben und etwas abgewartet, weil Beckenhochlagerung für sich im Stande ist, zumal bei geschwächtem Herzen, vollkommene Stillung der Blutung vorzutäuschen.

Wenn es aus den Stielen jetzt noch bluten sollte, wird eine Klemme angelegt. Ist durch einen Zufall eine Pince abgeglitten oder blutet es noch aus Aestchen der Arteria uterina oder spermatica oder aus Venen des Ligamentum latum, so halte man sich nicht etwa mit einer das Gesichtsfeld versperrenden „provisorischen" Mulltamponade auf oder lasse sich es gar an ihr genügen. Vielmehr ziehe man die bereits angelegten Klemmen vorsichtig auseinander, lege die blutende Stelle frei, wobei das hervorrieselnde Blut schnell mit Schwämmen weggetupft wird, und klemme unter Controle des Auges von Neuem.

Derartige geringfügige Haemorrhagien am Ende der Operation sieht man nicht öfter als beim Ligaturverfahren, und Verblutungstod intra und post operationem bei einer vaginalen Hysterectomie mit Klemmen trifft als Vorwurf den Operateur, nicht die Methode.

Ist bei der Entwicklung der Anhänge eine Arteria spermatica abgerissen, was Operateuren, deren Legitimation für die vaginale Radicaloperation wesentlich im Besitz von Klemmen besteht, vielleicht öfters passiren kann, so dürfte sich die Blutung bei zurückgeschlüpftem Gefäss allein nach ventraler Laparotomie beherrschen lassen.

Steht die Blutung vollkommen, so wird mit den Klemmen wiederum in der geschilderten Weise ecartirt, etwaige Flüssigkeit oder angesammeltes Blut mit Stielschwämmen rein ausgetupft. Nunmehr wird in den zwischen den Pincen klaffenden Raum, ein vierfach gefalteter sterilisirter Gazestreifen mittelst einer Klemme eingeführt (Fig. 35).

Dieser central eingeführte Streifen ist an seinem äusseren Ende zur besonderen Kennzeichnung geknotet und deckt, Darmschlingen und Netz zurückdrängend, das Wundgebiet und die Klemmenmäuler gegen die Bauchhöhle. Der Streifen liegt durchaus locker und darf zur Vermeidung von Retention oder peritonealer Reizung (reflectorisches Erbrechen!) keineswegs zu massig sein. Er ist Drain und kein Tampon.

Die Griffe der Klemmen werden jetzt vertical und parallel gestellt, so dass sich der Umfang der Instrumente, die zwischen den Schenkeln der Patientin lagern, möglichst verringert.

Dann glättet man die vordere, meist etwas nach innen gerollte Scheidenwand durch einen Ecarteur, schiebt sie sammt dem vorderen Bauchfellblatt der Excavatio vesico-uterina in die Höhe und führt zwischen Scheidenwand und Klemmen einen zweiten Mullstreif bis zum Scheidenwundrand hinauf. Er ist ebenso lang und breit wie der centrale Streifen, aber nur zweifach gefaltet. Ein dritter und vierter wird je zwischen

Klemmen und seitlicher Scheidenwand hinaufgeschoben, endlich ein fünfter unter die Pincen an der hinteren Scheidenwand.

Fig. 35.
Einführung des centralen Gazestreifens.

In jedem Falle zähle man übrigens die eingeführten Streifen, um keinen späterhin zurückzulassen, wenn bei weiter Scheide oder grossem Loch im Scheidengrund ein oder zwei Streifen mehr als sonst eingeführt wurden.

Wenn ein solches Versehen auch kaum eine Gefahr in sich schliesst, so kann ein vergessener Streifen dennoch den Heilungsprocess verzögern, als Fremdkörper den Ausfluss in unerwünschter Weise vermehren, bis schliesslich gelegentlich eine Ausspülung das Corpus alienum zu Tage fördert.

Das Klemmenbündel in Gaze oder Watte einzuwickeln und insbesondere an der Vulva fest mit Watte zu umgeben, erscheint theoretisch wie praktisch überflüssig; ebenso wenig belassen wir jodoformirte Wattetampons (Richelot) oder Schwämme (Péan) im Wundtrichter.

Bei der Einführung der Streifen wird jedesmal durch Abheben der Klemmen und Einführung eines Ecarteurs der entsprechende Scheidenraum freigelegt und mit Mulltupfern von etwaigen Coagulis befreit. Ueberall sind schliesslich die Scheidenwände durch die Gazestreifen glatt nach oben schoben. So wird um das Klemmenbündel ein schützender Gazemantel für die Weichtheile gebildet. Insbesondere schützt die hinaufgeglättete vordere Scheidenwand als deckende Membran die abgelöste Blase. Der Gazebausch, welcher auf der hinteren Scheidenwand lagert bildet ein Widerlager für die Klemmen, die durch ihr Eigengewicht nach unten auf den Damm drücken, und verhindert sie an etwaiger Hebelung nach vorn.

Der geschilderte Verband oder, besser gesagt, die Wundversorgung und -ausfüllung in dieser Form hat sich uns bewährt.

Nirgends bildet sich bei derartig ausgiebiger Drainage ein toter Raum, ein Reservoir für stagnirendes Secret; alle Flüssigkeiten müssen vielmehr auf der natürlichen schiefen Ebene des Beckentrichters nach aussen abfliessen. Und weiterhin dürfte eine etwaige interne Hämorrhagie sich sofort durch Blutabfluss nach aussen bemerkbar machen, da die Ausspreizung der Scheidenwände das Zustandekommen einer Hämatocele oder gar einer tödtlichen internen Blutung verhindert.

Die Zahl der liegenbleibenden Klemmen schwankt bei derartigen technisch einfachen Fällen zwischen 6 und 10.

Zweifellos kommt man hier auch mit 4 grossen Pincen aus (Doyen); unsere Gründe für die Anwendung von mehr Klemmen sind oben entwickelt.

Die eben geschilderten Maassnahmen dieses Operationsactes erleiden dann eine gewisse Modification, wenn die Exstirpation von Uterus und Anhängen nicht vom Ovalärschnitt, sondern von einem Scheidenlängsschnitt (Kolpotomia anterior longitudinalis) eingeleitet wurde. Auch hier wird nach exacter Blutstillung an Scheidenwundrändern, pericervicalem Gewebe und den Stümpfen der centrale Gazebausch zunächst eingeschoben. Alsdann werden die Lappen der durchtrennten vorderen Scheidenwand durch eine fortlaufende Catgutnaht vereinigt oder mit Klemmen zusammengefasst.

Beim Ueberschuss von Scheidengewebe wird beiderseits vom Längsschnitt aus entsprechend resecirt, was erforderlichenfalls auch ohne vorangeschickten Längsschnitt in gleicher Weise vorgenommen werden kann. Ebenso kann die Hinterwand der Scheide behandelt werden.

In manchen Fällen kann das Loch im Scheidengrunde nach dem Ovalärschnitt zu gross oder zu klein erscheinen. Im ersten Fall, der besonders nach der ausgiebigen Resection carcinomatöser Scheidenlappen gegeben ist, kann man durch einige Suturen oder zusammenfassende Klemmen seitlich, die vordere und hintere Wand auf kurzer Strecke vereinigen; vielleicht ist auch hier und da eine tabaksbeutelartige Zusammenziehung angebracht. Bei zu enger Oeffnung hilft am besten ein Medianschnitt an der hinteren oberen Scheidenwand.

Niemals aber — wir heben das ausdrücklich hervor — vernähen wir continuirlich vordere und hintere Scheidenwand, wie dies von Operateuren, welche die oben entwickelte Tendenz unseres Verfahrens nicht erkennen, vielleicht zum Nachtheil mancher Operirten geschehen ist. Darum lehnen wir z. B. auch die Modification Rouffart's[1] ab. Dieser hat neuerdings vorgeschlagen, die Peritonealhöhle von der Scheide aus nach beendigter Hysterectomie dadurch zu verschliessen dass man den vorderen Scheidenwundrand mit dem hinteren in ihren medialen Abschnitten mit ein bis zwei Pinceen zusammenklemmt.

Transport der Kranken ins Bett und Lagerung.

Die Schilderung der Nachbehandlung bleibt einem besonderen Kapitel vorbehalten, doch ist es zweckmässig, hier einige Daten hervorzuheben, die sich auf die Behandlung der Kranken unmittelbar nach der Operation beziehen.

Noch auf dem Operationstisch wird catheterisirt, nicht bloss um den während der Operation angesammelten Urin zu entleeren, sondern um zu controliren, ob die Blase irgendwie verletzt ist. Mehr oder weniger blutige Färbung des Urins findet sich mitunter bei schwereren Fällen, wenn die Dislocation der Blase und Ureteren durch Entzündungs- und Schrumpfungsprocesse im umgebenden Bindegewebe erschwert war, als Ausdruck einer gewissen Contusion dieser Organe; sie verschwindet schon am nächsten Tage spontan. Blutige Verfärbung des Harns beweist also bezüglich einer Continuitätstrennung der Blasenwand gar Nichts; ebenso wenig das Fehlen von Urin in der Blase post operationem. Beim Verdacht auf eine Durchbohrung oder Anreissung der Wand des Organs entscheidet schnell und eindeutig eine sofortige Durchspülung. Ist einem Operateur dieses Accidens zugestossen — und das kann bei mobilem Uterus nur durch grobe Unachtsamkeit passiren, beim fixirten, insbesondere carcinomatösen Uterus dagegen unter Umständen schwer vermeidbar sein —, so ist die Blasenverletzung sofort zu vernähen, je nach dem Situs des Risses von der Vagina aus oder nach Sectio alta.

Bei rigider Scheide und allzu scharfem Druck der hinteren Platte giebt es gelegentlich kleine Dammrisse, die am besten durch ein oder zwei Nähte sofort vereinigt werden.

Eine besondere Sorgfalt ist auf den Transport der Kranken vom Operationstisch in das Bett zu verwenden: die Hand des einen Assistenten unterstützt die Klemmen beim Tragen. Im Bett werden die Beine der horizontal gelagerten Kranken mässig abducirt. Das Klemmenbündel wird durch eine sterile Serviette rings umhüllt, so dass die Oberschenkel vor der Berührung mit dem Metall völlig geschützt sind und das Ganze durch ein

---

[1] Ed. Rouffart, Modification au manuel opératoire de l'hystérectomie vaginale. Fermeture du péritoine. Journ. médic. de Bruxell. No. 1. 1896.

vor die Vulva gelegtes kleines Polster (Watte, steriles Mullpacket, zusammengefaltetes Handtuch u. dergl.) gestützt. Bei Anwendung dieser kleinen Vorsichtsmaassregeln haben wir Druckgangrän an Scheide und Vulva, wie Lafourcade (l. c. S. 54), nie gesehen.

Eine viereckige kissenartige Holzwollunterlage, die mit Vaseline bestrichen ist, kommt unter die Nates und schützt die Haut vor Benetzung und Arrodirung durch das herunterrieselnde Wundsecret.

Zweckmässig und wohlthuend ist es für viele Kranke, gleich von Haus aus die flectirten Knice durch eine Rolle zu stützen, so dass ohne jede active Muskelthätigkeit die Oberschenkel abducirt und flectirt sind. Dadurch wird die Spannung der Bauchmuskeln vermieden. Becken, Rumpf und Kopf liegen horizontal. Das Becken wird nicht erhöht, schon um des guten Secretabflusses sicher zu sein.

Nur unter besonderen Verhältnissen, wenn die Harnröhrenmündung von Natur mehr nach der vorderen Scheidenwand zu sich findet oder wenn durch die Klemmen dieselbe stark verzogen oder durch die Masse derselben verdeckt ist, nehmen wir von dem alsdann für die Patientinnen beschwerlichen schmerzhaften Katheterismus Abstand und legen nach Schluss der Operation einen Dauerkatheter ein. Als brauchbar haben sich zu diesem Zweck die Pezzer'schen Katheter erwiesen. Der Dauerkatheter mündet in eine vor die Klemmen gelegte „Ente" und wird zugleich mit den Instrumenten im Allgemeinen nach 24—30 Stunden) entfernt. Während dieser kurzen Liegezeit haben wir die Bildung obturirender Incrustationen oder sonstiger Verstopfungen im Katheterrohr nicht gesehen. In der Anwendung des Dauerkatheters in dieser Art sehen wir also keinen Nachtheil.

Entfernung der Gebärmutter und ihrer Anhänge ohne Zerschneidung des Uterus beim fixirten Organ (A. b.).

Bei dieser Methode handelt es sich um die Ausschneidung der Gebärmutter in situ, die am Tiefertreten durch parametrane und perimetrane Schwartenbildung oder ein- resp. doppelseitige Adnexveränderung behindert ist. Aber die Methode kommt nicht principiell bei dieser ganzen Kategorie von Fällen zur Anwendung, sondern nur dann, wenn die Qualität des Falles uns verbietet, auf technisch leichtere Verfahren überzugehen, d. h. verhindert, uns der Mittel zu bedienen, die uns die Fixation jeglicher Art bei der vaginalen Radicaloperation zu überwinden gestatten: der zerschneidenden Methoden.

Die Indication für dieses Verfahren bildet also allein der carcinomatöse oder sarcomatöse unbewegliche Uterus, an dem man wegen der Gefahr der Krebsimpfung jedem zerschneidenden Verfahren aus dem Wege gehen muss.

Der carcinomatöse bewegliche Uterus wird nach dem zuerst beschriebenen, ungleich leichteren Verfahren entfernt, und ebenso wird ein allein indirect, durch cystische Adnexveränderungen (Pyosalpinx, Ovarialcysten) fixirter carcinomatöser Uterus durch Punction, Incision oder Anbohrung der Säcke von der Scheidenschnittwunde aus mobil gemacht und dann wie ein beweglicher behandelt.

Wo hingegen die fixirenden ein- oder doppelseitigen cystischen Tumoren eine für eine Scheidenpunction oder einen Scheidenschnitt zu ungünstige Lage haben oder zugleich directe Fixation oder auch letztere allein besteht, da bleibt nichts Anderes übrig, als den Uterus in situ zu belassen, ihn in situ zu exstirpiren.

Diese Methode kommt sowohl bei Carcinomen und Sarcomen des Gebärmutterhalses wie des Gebärmutterkörpers in Betracht.

Da wir, wie bemerkt, zerschneidende Methoden bei maligner Neubildung durchaus vermeiden müssen, so ist selbstverständlich die vaginale Exstirpation in allen diesen Fällen nur bis zu einer gewissen Grösse des Organs angängig, soweit eben die Theile, unverkleinert die Scheide zu passiren vermögen.

Wenn überhaupt bei derartigen, durch Geschwulstbildung allzu massig vergrösserten Uterus eine vollständige Operation noch möglich erscheint, so kann man — was zunächst die Corpusgeschwülste betrifft — nicht anders, als die rein abdominale Hysterectomie wählen. Mag die Vergrösserung durch den Körperkrebs selbst oder durch complicirende Myome bedingt sein, immer ist dann der Krebs durch gesundes Myometrium und Perimetrium, wie von einer Kapsel, geschützt, somit besteht während der Operation auch durch abdominale Totalexstirpation keine Disseminationsgefahr.

Wo Scheidendammincisionen dagegen den nöthigen Raum für die vaginale Durchleitung des unzerkleinerten Organs bei derartigen Tumoren noch schaffen können, ziehen wir diesen Weg der ventralen Laparotomie vor, wegen all' seiner oben geschilderten Vortheile. Beiläufig bemerkt, können wir allein bei dieser Gelegenheit im Verlauf einer vaginalen Radicaloperation die Scheidendammincisionen nicht umgehen.

Dieselben Indicationen gelten für die ventrale oder vaginale Exstirpation, wenn es sich um Cervixkrebs mit complicirenden Myomen des Uteruskörpers, um nicht oder nur wenig vergrösserte Gebärmütter mit Krebs an Cervix oder Körper und gleichzeitige Enge oder Narbenstenose der Scheide handelt.

Denn auch bei circumscriptem Cervixkrebs darf man niemals das Organ, nicht einmal den Fundus, verkleinern, da, wie die neuesten Untersuchungen immer wieder zeigen, auch bei kleinem und umschriebenem Cervixkrebs der Lymph- und Blutstrom Keime bis in den Gebärmuttergrund verschleppt haben kann¹). Und Scheidendammschnitte sind auch hier im Vergleich zur ventralen Laparotomie das kleinere Uebel.

Somit bleibt die ventrale Laparotomie für die Fälle von „grossen krebsigen Uteris" stets Methode des Zwanges.

Eine andere Frage ist es, ob bei der Verbreitung des Carcinoms durch Uebergreifen auf die Parametrien ohne erhebliche Grössenzunahme des Organs, principiell die abdominale Exstirpation indicirt erscheint.

Neben unseren praktischen Erfahrungen sprechen folgende theoretische Erwägungen hier stets für den vaginalen Weg: einmal, dass man unzweifelhaft mit Hilfe der Klemmen ebensoweit das Gewebe der Ligamente exstirpiren kann, wie je von der Bauchhöhle aus, d. h. bis an die seitliche Beckenwand. Zweitens ist die Möglichkeit der Impfung bei der Operation vom Bauche aus eine grössere, insbesondere erscheint hier die Keimverschleppung mit den durch die Ligamente geführten Nadeln und Ligaturen gefährlich. Drittens sprechen wiederum die Vortheile der vaginalen gegenüber der abdominalen Methode überhaupt für den vaginalen Weg.

Die wesentliche Differenz gegenüber dem erstgeschilderten Verfahren am beweglichen Uterus liegt bei dieser Methode der „Entfernung der Theile ohne Zerschneidung des Uterus beim fixirten Organ" in der Nothwendigkeit, zur präventiven Klemmung zu greifen; denn die primäre Freilegung der Theile ist hier zunächst ausgeschlossen. Hier tritt die Klemme in rein technischer Beziehung an die Stelle der Naht, wobei sie vor derselben freilich den grossen Vorzug besitzt, dass die Fixation des Uterus selbst in schwerster Form kein unübersteigbares Hinderniss für die Exstirpation bildet. Ganz natürlich arbeitet man hier zu beiden Seiten des Uterus, der Naht entsprechend, mit vielen kürzeren Klemmen.

Sehr bald pflegt übrigens die Fixation in einer Reihe von Fällen nach den ersten Acten der Ausschneidung sich zu mindern, sei es, dass sie sich allein oder wesentlich auf das untere Uterussegment beschränkte, sei es, dass es möglich wird, nach Eröffnung der Bauchhöhle fixirende Stränge und Bänder mit dem Finger zu zerreissen, oder sei es endlich, dass alsdann fixirende hochgelegene Cystensäcke angerissen oder angeschnitten werden, sich entleeren und den Uterus frei geben. Die eröffnete Wand derartiger Flüssigkeitsansammlungen wird sofort mit Klemmen gefasst und dirigirt, wie die Wand einer eröffneten Ovarialcyste mit Nélatons.

Tritt unter den genannten Umständen im Verlaufe der Operation eine gewisse Beweglichkeit ein, so wird man immer wieder versuchen, alle Theile primär freizulegen, zu stielen und dann erst zu versorgen.

Im Speciellen ist folgendermassen zu verfahren: Reinigung des Opera-

---

¹) Seelig, Pathologisch-anatomische Untersuchungen über die Ausbreitungswege des Gebärmutterkrebses. Inaug.-Dissertat. Strassburg. 1894.

tionsgebietes von brüchigen carcinomatösen Massen unter Vermeidung jeder brüsken, etwa die zurückbleibenden, gesunden Theile verletzenden Manipulation. Bei Corpuskrebs Zuklemmen des Ostium uteri externum durch einen Muzeux. Muss man Scheidendammincisionen anlegen (s. o.), so werden die frischen Wunden mit sterilen Gazebäuschen bedeckt und diese durch Ecarteure im ganzen Verlauf der Operation festgehalten. Nicht allein unter dieser Voraussetzung, sondern auch ohne Dammincisionen gilt für alle Gebärmutterexstirpationen bei bösartigen Geschwülsten das Gebot, mit allen Instrumenten: Ecarteuren, Fasszangen, Klemmen möglichst in situ zu verharren, jede unnöthige Bewegung zu vermeiden.

Haben die Muzeux's eine sichere Haftfläche gefunden, wobei man sich, wie oben betont, zunächst wesentlich an der hinteren Muttermundslippe oder Uteruswand halten möge, so umschneidet man das Collum, wobei Form und Verlauf der Schnittführung durchaus von der Geschwulstausbreitung abhängt. Darauf Auslösung der Cervix, die sich hier ungleich mühsamer als in der erstgeschilderten Kategorie der Fälle vollzieht. Denn oft genug ist der Mutterhals von derben und straffen entzündlichen Producten allseitig umpanzert, die vorn als Perivesicitis, an den Seiten als Parametritis, an Fundus und Hinterfläche als Perimetritis, Periproctitis oder schwielige Obliteration des ganzen Douglas den Uterus fixiren. Hier bleibt durch die Bildung intra- oder extraperitonealer Schwielen von dem ursprünglich Douglasischen Raume oft Nichts mehr übrig; derselbe ist verödet. Ein stumpfes Vordringen mit Finger und Raspatorium allein leistet dann nicht genug. Ueberall müssen die kurzen festen Narbenzüge mit kleinen Scheerenschlägen durchtrennt werden.

Die genannten entzündlichen Veränderungen bedingen die hier oft beträchtliche Schwierigkeit der Dislocation von Blase und Harnleitern und begründen die Unmöglichkeit, den hintern Douglas etwa mit dem ersten Schnitt zu durchdringen.

Hier ist, wie bei allen schweren entzündlichen Processen im Beckenbindegewebe, besondere Vorsicht vor Continuitätstrennungen von Blase und Darm geboten. Namentlich am Mastdarm und dem unteren Abschnitt der Flexura sigmoidea können sich durch Schrumpfungszug im periproctalen Gewebe Wandausbuchtungen herausbilden, die man in Analogie mit den Processen am Oesophagus als Tractionsdivertikel bezeichnen muss und in die man bei hastigen Ablösungsversuchen hineingelangen kann.

Wie die Partes vesicales werden auch die Partes pelvinae der Ureteren durch entzündliche Processe, welche die Geschwulstbildung compliciren oder auch durch erstere allein, bald in derben Schwielen fixirt, bald durch die retrahirenden Vorgänge verlagert, an den Uterus herangezogen. In gleicher Weise können die bösartigen Neubildungen selbst, wenn sie sich im Ligamentum latum vorschieben oder auch Fibroide, die mit der Carcinom- oder Sarcomentwicklung am Uterus sich verbinden, den normalen Verlauf und die normale Beweglichkeit der Harnleiter stören.

Aus alledem folgt, dass die oben für die Ablösung des im gesunden Gewebe liegenden Harnleiters entwickelten Vorschriften bei entzündlich-retrahirenden Processen oder bei Geschwulstbildung (Myom, Carcinom) im kleinen Becken nicht selten eine gewisse Abänderung erleiden müssen.

Es ist zweifellos, dass die gerade bei Gebärmutterkrebs gelegentlich vorkommende Verletzung des Harnleiters zum grossen Theil nicht allein auf carcinomatöse Arrosion, sondern eben auf die geschilderte Dislocation zurückgeführt werden muss. Gerade bei dem Bestreben, die Kranken radical von ihrem bösartigen Leiden zu befreien, wird die nöthige Rücksichtnahme auf die pathologischen Lageveränderungen begreiflicherweise nur zu leicht ausser Acht gelassen.

Ist man an die Plica vesico-uterina gelangt, so wird diese mit der Scheere eröffnet, ein Ecarteur hineingeleitet, oder wenn adhäsive Verbindungen im vorderen Douglas es verhindern, mit dem Finger durch Lösung der Verwachsungen Platz geschafft. So ist vorn die Bauchhöhle eröffnet. In einer Reihe von Fällen gelingt es, selbst bei stärkerer Schwartenbildung im hinteren Douglas, sich auch hier, durch die obturirende Platte, stumpf oder mit der Scheere hindurchzuarbeiten.

Nunmehr ist also die Blase mit den Harnleitern nach oben geschoben, der Uterus mit seinen Ligamenten zugänglicher, aber er ist damit noch nicht aus seiner Tasche befreit; er kann noch nicht gekippt und vor die Symphyse oder überhaupt nur im mindesten aus seiner Lage gebracht werden.

Nichts wäre verkehrter und gefährlicher, als wenn man jetzt durch Druck von den Bauchdecken aus oder durch forcirtes Ziehen mit den Muzeux's am Collum gewaltsam die Gebärmutter zum Vorfall bringen wollte. Leicht könnten die auch ohne Geschwulstinfiltration, allein durch die entzündlichen Veränderungen, morsch und brüchig gewordenen Ligamente zerreissen, zurückschnellen und zu äusserst gefährlichen Blutungen Veranlassung geben. Nur zu leicht könnten Eiteransammlungen neben dem Uterus platzen, und diese würden jetzt, so lange eben der Uterus noch in situ ist, ihren verderblichen Inhalt in die Bauchhöhle ergiessen und ihn nicht, wie es die Operation bezweckt und die richtig ausgeführte Operation erreicht, nach der Scheide zu gefahrlos entleeren.

Endlich könnte es bei starken Verlöthungen des Fundus oder der Anhänge mit dem Darm, die jetzt zu controliren natürlich unmöglich ist, bei gewaltsamem Vorgehen zu Rupturen in der Wand des Darmes kommen. In gewissen Fällen ist es ohne Gefährdung der Harnorgane sogar unmöglich, Blase und Harnleiter in den ersten Operationsacten soweit hinaufzuschieben, dass man die Plica vesico-uterina eröffnen kann. Hier

114 Die Technik der vaginalen Radicaloperation.

wird zunächst nur ein kleiner Abschnitt des Collum ausgelöst, ohne Eröffnung der Bauchhöhle vorn oder hinten.

In allen diesen Fällen muss man, auf weitere Mobilisirung zunächst verzichtend, jetzt die Gefässe versorgen, die an das frei gemachte Collum herantreten, also präventiv klemmen.

Der Operateur schiebt seinen Zeigefinger oder mehrere Finger der linken Hand hinter das die Vasa uterina einschliessende Ligamentgewebe; ist der hintere Douglas bereits eröffnet, von diesem her. Auf dieser Bahn wird jederseits im Gesunden eine kurze feste Klemme vorgeschoben, diese geschlossen und die entsprechende Partie des Ligamentes abgeschnitten

Fig. 36.

Anlegen einer präventiven Klemme an die linken Vasa uterina.

(Fig. 36). Mitunter, bei totaler Obliteration beider Douglasischen Räume wird erst bei diesem Schnitt die Bauchhöhle und zwar hinten seitlich eröffnet.

In einer Reihe von Fällen genügt bereits die Aufhebung der Collumfixation, um die übrige Gebärmutter zu mobilisiren. Ein andermal kann der Finger in Folge der Befreiung des vorher fixirten unteren Uterusabschnittes ungehinderter vorn oder hinten durch den Douglas in die Bauchhöhle eindringen, vielleicht durch den ersten Trennungsschnitt hinten seitlich, und die Adhäsionsstränge lösen, welche vorher den Uteruskörper direct oder indirect durch Verwachsung der Anhänge immobil machten.

In weiteren Fällen endlich ist es nunmehr möglich, durch Entleerung von hochgelegenen Cysten und Abscessen unter Hilfe des Gesichtssinnes die erwünschte Beweglichkeit der Gebärmutter zu erzielen.

Uterus und Anhänge, die wir beim Gebärmutterkrebs principiell in ihrer Totalität mitentfernen[1]), werden alsdann jedesmal nach der obigen Methode entwickelt, gestielt und consecutiv versorgt; nur die Vasa uterina wurden gezwungenermassen präventiv geklemmt. Ist der hintere Douglas vorher nicht eröffnet, so wird er von oben her, unter Deckung des Mastdarms durch Finger oder Rinne, mit einer Klemme durchstossen (s. Fig. 25) oder aber unter Inspection mit der Scheere von den Seiten her eingeschnitten.

Es bleibt die Beschreibung der Exstirpation bei denjenigen Fällen zu schildern, in denen auch nach präventiver Abklemmung und Auslösung des Collum keine Möglichkeit besteht, den Uteruskörper zu mobilisiren. Hier sieht man die in diesem Capitel in Rede stehende Methode in reiner Form.

Man verhält sich genau so, als wollte man mit Unterbindung operiren, schiebt also eine Klemme nach der andern, eine über der anderen vor und schneidet das geklemmte Gewebe schrittweise durch.

Findet sich die Fixation wesentlich oder ausschliesslich einseitig, so thut man gut, nach Abklemmung der Arteriae uterinae nun zuerst die weniger afficirte Seite auszulösen, d. h. Uterus und Anhangsgebilde auf dieser Seite successiv zu klemmen und abzuschneiden. Ist diese erst abgetrennt, so kann man die auf der anderen Seite noch fixirte Gebärmutter mit den ausgelösten Particeen nach unten mehr oder weniger weit in die Scheide ziehen. Man hat jetzt Raum und kann an der Hinterfläche der Gebärmutter und der Tube entlanggehen, perimetritische Stränge und perisalpingitische Verwachsungen, brückenförmige Verbindungen mit dem Darm trennen, genug, die Adnextumoren der stärker afficirten Seite bei vollkommen blossgelegtem Operationsfeld ausschälen. Steht der hintere Douglas noch, so wird das verdickte Bauchfell an dieser Stelle von rechts oder links her durchschnitten.

Zuweilen ist es in diesen Fällen möglich, mit präventiver Klemmung auf der einen Seite des Collums auszukommen. Der Mutterhals ist dann genügend frei geworden, und man kann vom hinteren Douglas aus die Gebärmutter und kranken Anhänge vollkommen mobilisiren, so dass nunmehr — ohne weitere Präventivversorgung — die zuerst beschriebene Methode (A. a.) zur Anwendung gelangen kann.

Sind dagegen die fixirenden Processe beiderseits gleich hochgradige oder handelt es sich wesentlich um eine feste perimetritische Einkapse-

---

[1] Reichel, Ueber das gleichzeitige Vorkommen von Carcinom des Uteruskörpers etc. Zeitschr. f. Geburtsh. u. Gynäkol. Bd. 14. S. 554.

lung, so werden die Klemmen, eine nach der anderen, beiderseits symmetrisch vorgeschoben und entsprechend jedesmal das Gewebe in gleicher Höhe durchschnitten. So kann der Uterus immer um ein Weniges weiter nach unten gezogen werden, und man gelangt schliesslich an die Tubenecken, indem der Uterus ohne Umkippung nach unten herabsteigt. Gelingt jetzt die manuelle Ausschälung der Anhänge, so werden sie jederseits gestielt, geklemmt und mit dem Uterus ausgeschnitten.

Andererseits verschlägt es Nichts, die Gebärmutter bei dieser Methode zunächst isolirt oder nur mit den Adnexen einer Seite zu exstirpiren und nachher die Auslösung der zurückgebliebenen kranken Anhangstheile für sich vorzunehmen. Sie werden am Tubenisthmus mit Fingern oder zweckmässig mit den Ovarialzangen gepackt, von Adhäsionen befreit, mit einer neuen Zange lateral von der ersten gefasst u. s. w., bis Eierstock und der kuglig aufgetriebene Tubenpavillon, beide oft in inniger Verbindung, unter die Symphyse luxirt und gestielt sind.

Ganz allgemein ist es in allen Fällen entzündlich veränderter Uterusanhänge zweckmässig, sobald man erst die betreffenden Organe in toto in die Scheide hineingeleitet hat, jenseits des Pavillons an das Ligamentum infundibulo-pelvicum eine kurze Klemme von oben anzulegen. Dieselbe „markirt" die Richtung und den Endpunkt der entsprechenden Klemmenreihe (s. Fig. 32) und hindert das Zurückschlüpfen des vorher stark an die Beckenwand herangezogenen Tubenendes oder Eierstocks.

Ferner sei hier für die Adnexauslösung allgemein hervorgehoben, dass dieselbe zumal links stets unter besonderer Vorsicht und Vermeidung jeder rohen Gewalt zu geschehen hat. Denn in einer von anderer Seite nirgends betonten Häufigkeit bestehen hier bei Pachypelviperitonitis adhäsiva intimste Verlöthungen der innern Genitalien mit der Flexura sigmoidea. Offenbar ist es die innige anatomische Beziehung oder vielmehr der directe Uebergang des Mesenteriums der Flexur in „Mesenterium" von Tube und Eierstock, welche die Fortleitung jedes entzündlichen Processes vom breiten Mutterband nach dem peri- und parasigmoidealen Gewebe per continuitatem bedingt. Die Schrumpfung der entzündlichen Producte aber muss schliesslich geradezu zu einer Verschmelzung der Organe führen: Tube und Eierstock werden in die Windungen des S Romanum hineingezogen und mit der Darmwand zusamengeschweisst.

Die definitive vollkommene Blutstillung, welche der Ausschneidung von Uterus und Anhängen nun unmittelbar folgt, ist hier, wie in den Fällen von pelviperitonitischen Verwachsungen überhaupt, nicht so leicht und einfach wie in der erst geschilderten Kategorie der Fälle. Ganz abgesehen von der stärkeren Blutfülle des pericervicalen und perivaginalen chronisch entzündeten Gewebes und der Anhänge, sind die Adhäsionsmembranen selbst meist ausserordentlich gefässreich. Man muss die an Darm und Netz haftenden, nach der Uterus- und Adnexauslösung parenchymatös blutenden Fetzen zuweilen einige Zeit mit Stielschwämmen comprimiren, ehe die Blutung vollkommen steht. Bei dicken und derben Verwachsungssträngen, namentlich mit dem Netz, kann man in der allerbequemsten Weise, nachdem man sie in das Scheidenloch eingestellt hat, die Ligatur der Durchtrennung mit Scheere oder Messer vorausschicken. Sonst arbeitet man bei der Lösung der Verwachsungen mit dem Finger; man durchreisst dieselben, wobei man gelegentlich ziemliche Gewalt anwenden muss. Zuweilen blutet es dabei zunächst so heftig, dass in wenigen Secunden das Operationsfeld verdeckt ist. Dann legen Stielschwämme, einer schnell nach dem andern aufgedrückt, alsbald leicht die blutende Stelle frei.

In sehr seltenen Fällen, in denen trotz Compression und einigen Zuwartens eine geringfügige parenchymatöse Blutung aus abgeschundenen Adhäsionsmembranen besteht, werden nach der entsprechenden Stelle hin die drainirenden Gazestreifen etwas fester gestopft, ihre Zahl auch um einen oder zwei vermehrt. Vielleicht leistet hier gelegentlich auch der Mikuliczsche Fächertampon gute Dienste.

Bei solcher Gelegenheit pflegen wir mit dem Transport der Kranken in das Bett etwas zu warten, um, solange die Kranke noch auf dem Operationstisch liegt, die Sicherheit zu haben, dass die Blutung absolut steht.

Entfernung der Gebärmutter und ihrer Anhänge mit Zerschneidung des Uterus (B.).

a) Eröffnende Verfahren.

1) Mediane Aufschneidung einer Wand der Gebärmutter.

Die grosse Gruppe der zerschneidenden Methoden kommt für die vaginale Exstirpation der inneren Genitalien dann in Betracht, wenn directe oder indirecte Fixationsursachen die Mobilität des Uterus behindern, maligne Neubildungen aber fehlen. Man bemüht sich in jedem Falle, die Gebärmutter und ihre Anhänge im Ganzen primär in die Scheide hinein und vor die Vulva zu luxiren, also der Blutstillung die Freilegung der Theile vorauszuschicken. Die zerschneidenden Verfahren insgesammt sind lediglich Mittel für diesen Zweck und nicht etwa generell anzuwendende Methoden. Man zerschneidet oder zerstückelt die Gebärmutter mithin nur solange, bis sich die weitere Entwickelung der Theile im Ganzen vollziehen lässt. Es wäre nicht einzusehen, warum man da, wo man nach dem erstgeschilderten Verfahren Uterus nebst Anhängen in einem Stück entwickeln und entfernen kann, die Technik mit einer Hilfsoperation belasten soll. Aus demselben Gesichtspunkte gilt es als Grundsatz, stets die einfachste Art der Zerschneidung zu üben, die für den gerade vorliegenden Fall ausreicht.

Die einfachste der zerschneidenden Methoden besteht in der sagittalen

Spaltung einer, insbesondere der vorderen Gebärmutterwand (Hemisectio uteri mediana anterior resp. posterior).

Der mechanische Effect dieser Vornahme ist im allgemeinen Theile der Technik (S. 50) bereits genauer entwickelt: die Masse des Uteruskörpers kann nach diesem Längsschnitt flächenhaft ausgebreitet, aufgerollt werden, wie etwa nach der Virchow'schen Sectionstechnik die herausgenommene Gebärmutter entfaltet wird. Auf diese Weise wird einmal der für die Kippung und den Durchgang durch die Scheide zu voluminöse Uterus abgeplattet und passrecht gemacht, zweitens wird das Organ mobilisirt und so Platz geschaffen, um über den Fundus mit dem Finger in die Bauchhöhle vorzudringen und an perimetritische Adhäsionen oder die fixirten Anhänge heranzukommen.

Während die ausgedehnteste Art der Zerschneidung, das Morcellement im engeren Sinne, für bestimmte Fälle unumgänglich, also Metnode des Zwanges ist, concurriren mit den eröffnenden Methoden jedesmal und mit dem Morcellement gelegentlich andere Verfahren als Methoden der Wahl, welche, an sich den Typus des alten Czerny'schen Verfahrens bei der Uterusexstirpation wahrend, im Grunde dennoch — zerschneidende Verfahren sind. Wir meinen die Gebärmutterausrottung mit Hilfe von Scheidendammschnitten, Perinäalschnitten, sacralen und parasacralen Schnitten, Kreuzbeinresection etc., oder auch mit Hilfe der ventralen Köliotomie. Bei Anwendung aller dieser Methoden bleibt der zu entfernende kranke Uterus mit den veränderten Anhängen zwar intact, die zurückbleibenden gesunden Theile aber werden zerschnitten, noch dazu oft unter Gefahren intra operationem (Blutung) und bleibenden functionellen Störungen (Lähmungen).

Es scheint uns darum chirurgisch widersinnig, zu diesen Maassnahmen zu greifen, und deshalb wählen wir hier überall das unschuldige nicht minder wirksame Mittel der Zerschneidung des Uterus selbst. Allein die maligne Geschwulstbildung an der Gebärmutter erfordert andere Rücksichten: ventrale Laparotomie oder selbst Scheidendammincisionen (s. o.).

Die speciellen Indicationen für die in Rede stehende einfachste der eröffnenden Methoden sind gegeben durch voluminöse hyperplastische oder fibromatöse Uteri bis zu Mannsfaustgrösse, durch perimetritische oder in Folge von Adnexveränderungen fixirte Gebärmütter oder Combinationen beider Zustände. Als absolute Vorbedingung für die Anwendbarkeit des Verfahrens ist hier wie für die eröffnender Methoden überhaupt zu fordern, dass das Gewebe des Uterus nicht allzu weich und brüchig sein darf, wie z. B. bei puerperalen Zuständen, weil dann die Muzeux's das Gewebe nur zerreissen, und nicht fassen und anziehen können.

Für die Aufschneidung kommt wesentlich die vordere Uteruswand in Betracht. Doyen schlägt diesen Weg als generellen für jede Uterusexstirpation vor. Doyen hat ihn als allgemeines Verfahren in seinen Einzelheiten ausgebildet und zuerst auf dem Brüsseler Congress beschrieben

(s. Baudron, l. c. S. 47 [Doyen'sches Verfahren]). Nur selten ist die Methode congruent an der Hinterwand anzuwenden, z. B. bei retroflectirter hyperplastischer Gebärmutter, wenn die Vorderwand scharf der Symphyse angepresst liegt.

Man verfährt folgendermaassen: Es wird die Portio an den beiden Commissuren der Muttermundslippen mit zwei Muzeux's gefasst[1]), dazu vortheilhaft bei schwerer Fixation die hintere Lippe in der Mitte (Fig. 37).

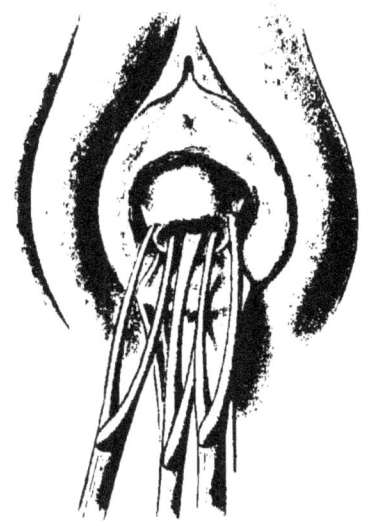

Fig. 37.

Diese Muzeux's bleiben am besten während der ganzen Operation als Orientirungsmarken liegen.

Ovaläre Umschneidung der Portio, Abpräpariren des perivesicalen und perirectalen Bindegewebes. Wenn möglich, Eröffnung des hinteren Douglasischen Raumes, eventuell von hier aus Eröffnung und Entleerung von Cysten oder Abscessen.

Die folgenden Handgriffe betreffen nur die vordere Gebärmutterwand und darum werden die in die Portio eingehakten Muzeux's scharf nach unten und hinten gezogen, die hintere Rinne entfernt. Hat man bei der Trennung des schwieligen vorderen pericervicalen Gewebes Schwierigkeiten, so forcire man weder die Blasen- und Harnleiterabschiebung noch den Zug an der Gebärmutter nach unten. Vielmehr werden zunächst nur ein oder zwei

---

[1]) So schreibt es Doyen vor.

Centimeter des Collum von dem umgebenden Bindegewebe freigemacht. Die eine Branche der Scheere wird in den Cervicalcanal eingeführt und das Collum vorn in der Mittellinie genau bis zur Grenze der freigelegten Fläche gespalten. Die Grenzlinie markirt der vom Assistenten schräg aufgesetzte, zugleich die Blase schützende Ecarteur. Ueberflüssig ist die Einführung einer Hohlsonde als Gleitbahn für die Scheere. Sofort wird in die Lippen des Längsschnittes rechts und links je ein neuer Muzeux eingekrallt, diese werden nach aussen rotirt und von den Assistenten beiderseits nach der Seite und nach unten gezogen. Danach wird das vordere pericervicale Gewebe immer weiter durchtrennt, die Blase sammt Harnleitern entsprechend aus dem Operationsfeld gebracht. Das Vordringen nach oben gelingt oft leicht in der Weise, dass man an irgend einer freigelegten Stelle unmittelbar auf dem Uterus die geschlossene Scheere wie einen Keil eine kurze Strecke weit einschiebt und alsdann spreizt, so dass dadurch die Stichwunde erweitert und vertieft wird. In diese Oeffnung dringt der vordere Ecarteur und hebelt die bedeckende Schicht mitsammt der Blase nach oben. Dadurch ist ein weiterer Abschnitt der Cervix von dem umhüllenden Bindegewebe befreit, und nunmehr wird auch dieser Theil durch einen Längsschnitt in der Mittellinie, der die Fortsetzung der ersten darstellt, wieder bis zu dem Punkt, den der Ecarteur markirt, sagittal gespalten. Neue Muzeux's werden so hoch als möglich beiderseits eingesetzt oder die tiefer liegenden werden entfernt und an die höhere Stelle gebracht.

Es ist der Vortheil der bilateralen Anbringung der Hakenzangen, dass trotz der grossen Resultante ihres gemeinsamen Zuges dennoch das Gewebe an den gefassten Stellen nicht zu stark gezerrt wird, und daher nicht ausreisst, was geschehen würde, wenn man etwa mit einem Zuginstrument in der Mittellinie den gleichen Krafteffect entwickeln wollte.

Auf gleiche Weise fortschreitend wird nach und nach die ganze Vorderfläche der Gebärmutter, wenn nöthig, bis zum Fundus gespalten (Fig. 38), wobei das Bauchfell, sobald es sichtbar ist, durch die Scheere eröffnet wird. Es wird ein Muzeux über dem anderen, jedesmal nach Verlängerung des Längsschnittes angelegt, so dass die Hakenzangen gleichsam in die Höhe klettern, immer unter der sicheren Beschützung der Blase und Ureteren mittelst des Ecarteurs. Durch den Zug an den Muzeux's nach aussen unten ist jede Blutung ausgeschlossen.

Es ist oft nicht nothwendig, die sagittale Durchtrennung der Gebärmutterwand ganz bis zum Fundus durchzuführen. Denn der selbst um das Doppelte seines Volumens vergrösserte Uterus kann, wenn nicht ausserdem directe oder indirecte Fixation besteht, mit kräftigem Zug und Hebelwirkung des über den Fundus geführten Ecarteurs oder Fingers in die Scheide gebracht werden, sobald erst durch die Zweitheilung und Abplattung des unteren Gebärmutterabschnittes Raum geschaffen ist. Das allein

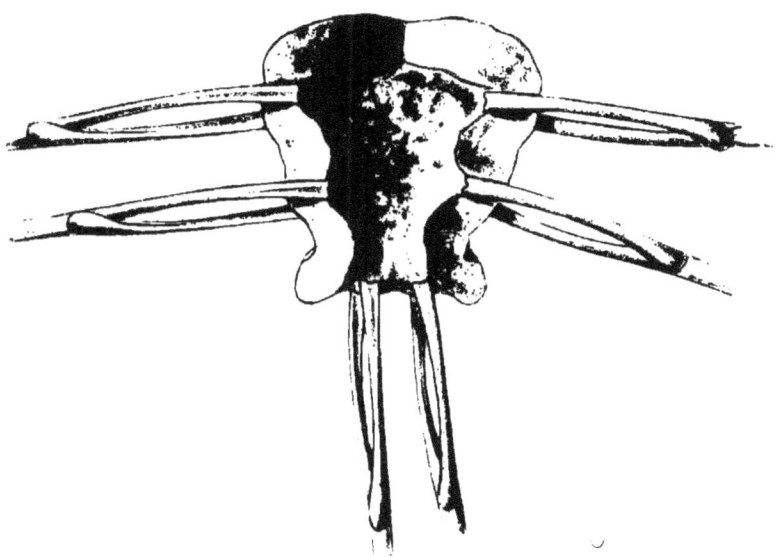

Fig. 38.
Aufrollung des Uterus durch Aufschneidung an der Vorderwand.

durch seine Grösse fixirte Organ ist durch die Aufrollung beweglich gemacht und kann jetzt conduplicato corpore entwickelt werden, wobei zweckmässig die Muzeux's an der Portio das Collum nach hinten oben drängen. In gewissen Fällen, z. B. bei uncomplicirter Hyperplasie oder ampullär entwickelter Pyosalpinx, vollzieht sich die sagittale Spaltung schnell und leicht in wenigen Augenblicken mit zwei bis drei Scheerenschlägen bis zum Fundus, der sofort nach vorn luxirt werden kann, während im Gegentheil ein anderes Mal nach mühsamer Freilegung und langsamer schrittweiser Eröffnung der Vorderwand auch forcirter Zug das Organ noch nicht umzukippen vermag. Bei einer gewissen Vergrösserung der Gebärmutter genügt die Aufrollung des Organs eben noch nicht, um den Durchgang des Uterus durch die Scheide zu ermöglichen. Die Enucleation von Fibroiden vom sagittalen Schnitt aus, die Excision eines Lappens aus der Uteruswand in Form eines V (Doyen) oder einer streifenförmigen Scheibe aus der ganzen Dicke und Länge der Uteruswand können dann die Verkleinerung auf das erforderliche Maass bewirken. Doch davon später: es sind das bereits Verfahren, die zu den „zerstückelnden" Methoden (s. u.) überleiten.

Ist der Fundus uteri erst in der Scheide, so werden die Anhänge hervorgeholt, indem man mit Fingern und Ovarialzangen unter Controle des

Auges durch die Lücke über den Fundus eingeht. Kann man bereits im Verlaufe der Eröffnung des Uterus vom vordern oder hinteren Douglas her die Fixation beseitigen, so ist die Entwicklung der Adnexe leicht. Andernfalls wird zunächst die Spaltung an der Vorderwand ganz durchgeführt. Dann löst der Finger, über den Fundus eingehend und vom hinteren Douglas her durch Finger der anderen Hand unterstützt, die Verwachsungsstränge an der Hinterwand der Gebärmutter und um die Adnexe, schält Cysten oder Abscesse aus ihren Verbindungen und bringt die Anhänge mit Hilfe der Ovarialzangen gleichzeitig mit dem Fundus ins Helle.

Gelingt die Trennung der Gebärmutterverwachsungen und die Auslösung der geschrumpften oder vergrösserten Adnexe, d. h. also die völlige Mobilisirung der inneren Genitalien aber auch auf diesem Wege nicht vollkommen, so wird die Aufschneidung des Uterus fortgesetzt: man geht zu dem folgenden Verfahren der totalen Medianspaltung des Uterus über.

Da, wo Uterus und Anhänge dagegen in toto herausgeholt sind[1]), wird schliesslich der hintere Douglas von oben her mit einer Klemme durchstossen, falls er nicht in früheren Operationsacten bereits eröffnet war; keineswegs kann er, wie von einigen Autoren angegeben wird (Baudron, l. c. S. 47), bei diesem Verfahren regelmässig im Anfang sofort gefahrlos nach dem Scheidenschnitt durchstossen werden. —

Es erscheint überflüssig, das Verfahren für die Aufschneidung der hinteren Wand in der Mittellinie, das für die oben genannten nicht häufigen Fälle mitunter zweckmässig erscheint, hier gesondert zu beschreiben: es ist ein vollkommenes Spiegelbild der geschilderten Methode. Man kippt dabei den Uterus nach hinten, sorgt aber vorher für Lösung aller Blasen- und Harnleiterverbindungen, um Zerreissungen zu vermeiden.

Sind alle Theile für den Gesichtssinn und für passende Stielbildung zurecht gelegt, so geht man zur Blutstillung über. Doyen, der Vater dieser Methode, beginnt links und bedient sich jederseits zweier langer, die ganze Breite des Ligaments fassender elastischer Pincen, die er von oben her anlegt. Wir klemmen, wie gewöhnlich, mit mehreren Pincen von unten aufsteigend. Die geschilderte Methode ist durch Fig. 39 illustrirt[2]).

2) Totale Medianspaltung des Uterus.

In der Besprechung des vorigen Verfahrens ist darauf hingewiesen, dass die nach Aufschneidung der Vorderwand geschaffene Lücke und die Mobilisirung des Uterus durch seine Aufrollung unter Umständen nicht ge-

---

[1]) Bei derber Fixation der Tuben trennen sich diese bei der Auslösung an der Stelle des dünnen Isthmus zuweilen vom Uterus. Doch bleiben sie durch Theile des breiten Mutterbandes mit der Gebärmutter in Verbindung, so dass die innern Genitalien bei der Entwicklung ein Ganzes darstellen.

[2]) Klinische und anatomische Erläuterungen zu den Präparatentafeln, die sämmtlich directe photographische Aufnahmen darstellen, finden sich am Schluss des Buches.

Totale Medianspaltung des Uterus. 123

Fig. 39.
Vaginale Radicaloperation mit medianer Aufschneidung der vorderen Gebärmutterwand (Doyen'sche Methode).

nügt, um an Verwachsungsstränge der Gebärmutter und die geschrumpften oder vergrösserten Anhänge heranzukommen. Kann man dann auch vom hinteren Scheidenschnitt aus, durch die starken Schwielen und Platten hindurch, nicht die directen oder indirecten Fixationen beseitigen, so muss der Schnitt über den Fundus hinweg auf die Hinterwand weiter geführt, das Organ in zwei symmetrische Theile zerlegt und so eine breitere Gasse für die auslösenden Finger, Instrumente und den Gesichtssinn geschaffen werden. War insbesondere die Immobilisirung des Uterus wesentlich eine indirecte, durch schwere Anhangsveränderungen mit Retraction bedingt, so werden die auseinandergeschnittenen Uterushälften von den fixirten und verkürzten Adnexen stark nach den Seiten gezogen. Um so weiter klafft die Lücke und um so mehr Platz ist für die Auslösung.

Weiterhin findet das halbirende Verfahren von vornherein seine Anwendung, - indem vordere und hintere Wand bis zum Fundus durchschnitten werden — wenn die Medianspaltung der Vorderwand allein bei starker directer oder indirecter Immobilisirung und enger Scheide oder dergl. allzu unbequem oder gefährlich erscheint. Um vordere und hintere Uteruswand von unten herauf symmetrisch durchschneiden zu können, muss man freilich in den hinteren Douglas ohne Gefährdung des Rectums von unten her eindringen. Ist dieser Voraussetzung genügt und die Gebärmutter vorn und hinten bis über den inneren Muttermund median zertheilt, so klafft infolge des Seitenzuges das gespaltene untere Uterussegment $\wedge$-förmig, zeltartig, und der Finger kann von dieser Bresche aus die Gebärmutter zur gefahrloseren Fortsetzung der Spaltung nach oben beweglich machen.

Das Verfahren der totalen Medianspaltung der Gebärmutter ist nach Alledem angezeigt, wenn es sich bei höchstens mannsfaustgrossem fixirten Uterus um doppelseitige eitrige oder einfach entzündliche Anhangsveränderungen, Ovarialneoplasmen u. dergl. mit schwerer, pachyperitonitischer Fixation von Gebärmutter und Adnexen handelt. Ferner, wenn die Unbeweglichkeit der Gebärmutter durch bedeutendes Volumen der erkrankten Anhänge selbst bedingt ist, die weder vom blossen Scheidenschnitt her noch selbst nach Medianspaltung der vorderen Uteruswand allein genügend verkleinert werden können, also namentlich bei massigen, multiloculären Ansammlungen in den Anhängen.

Die Vortheile der Totalspaltung des Uterus sind so grosse, dass selbst bei einer grossen Zahl der schwersten entzündlichen Veränderungen an Anhängen und Beckenbauchfell, den complicirten Beckenabscessen, die primäre Auslösung der gesammten inneren Genitalien ohne „präventive" Blutstillung gelingt. Wir selbst haben an der Hand dieser Methode die Durchführbarkeit unseres „Enucleationsverfahrens" für derartige Fälle erweisen können und sie darum mit Vorliebe geübt und ausgebildet.

Historisch betrachtet stammt die Idee der medianen Durchschneidung von Peter Müller[1]), der sie beim Carcinoma uteri zur leichteren Abbindung beider Ligamente theoretisch in Vorschlag brachte.

Weiterhin hat Quénu[2]) für die vaginale Hysterectomie zur Behandlung der „Beckeneiterungen" die mediane Spaltung aufgenommen. Quénu durchschneidet principiell vordere und hintere Wand pari passu (section antéro-postérieure); bei seinen ersten Fällen versorgte Quénu im Anfang der Operation präventiv die Arteria uterina mit einer Ligatur; jetzt benutzt er hierfür eine kurze starke Pince jederseits. (Dans ses premières opérations, M. Quénu plaçait une ligature sur l'étage inférieur du ligament large dès le début de l'opération. Actuellement il y met une pince à mors courts et forts [s. Baudron, l. c. S. 45].)

Abgesehen von der Halbirung des Uterus an sich hat unser Verfahren der totalen Medianspaltung mit dem Quénu'schen Nichts gemein. Wir gehen im Gegensatz zu Quénu bei der Spaltung von der vorderen Wand über den Fundus hinweg auf die hintere über, entfernen nicht bloss, wie Quénu, den Uterus, sondern grundsätzlich auch die Anhänge und legen die erste Pince erst nach Entwicklung aller Theile an.

Unser Verfahren ist also folgendes:

Nachdem man mit der Scheere die ganze Vorderwand vom äusseren Muttermund bis zum Fundus durchschnitten und die Adhäsionen um den Uterus herum möglichst gelöst hat, wird auf dem Finger des Operateurs, der zugleich Gleitbahn und Rectumschutz bildet, oder auf dem zu gleichem Zweck von oben eingeführten Ecarteur die hintere Uteruswand über den Fundus hinweg in der Verlängerung der ersten Schnittlinie gespalten, natürlich stets nur soweit, als jede Nebenverletzung speciell des Mastdarms ausgeschlossen ist (Fig. 40). Der halbierte Fundus wird stark nach vorn unten bewegt, und das Auge controllirt so bequem das Vordringen der Scheere, welche die ganze hintere Wand des Uterus bis hinunter zum Douglas durchschneidet, indem die perimetrischen Stränge an der Uterushinterfläche entsprechend durchrissen werden. Ist der hintere Douglas nicht schon im Anfang der Operation durch den Scheidenschnitt oder den bohrenden Finger eröffnet, so wird er, was meist gelingt, jetzt mit einer Klemme von oben her durchstossen und durch Spreizen des Instrumentes das Loch erweitert. Indem die Portio nach vorn gezogen wird und der Finger des Operateurs von unten her durch das Loch im Douglas dem Ecarteur oder dem Finger des Assistenten entgegenarbeitet, wird schliesslich mit der Scheere auf sicherer Bahn die hintere Cervixwand durchtrennt. Nunmehr ist das nächste Ziel der Operation erreicht.

---

[1]) Quénu, De l'hystérectomie vaginale par section médiane de l'utérus dans le traitement des suppurations pelviennes. Annal. de Gynécol. Tom. 37. p. 321. 1892.

[2]) P. Müller, Eine Modification der vaginalen Totalexstirpation des Uterus. Centralbl. f. Gynäkol. No. 8. S. 113—115. 1882.

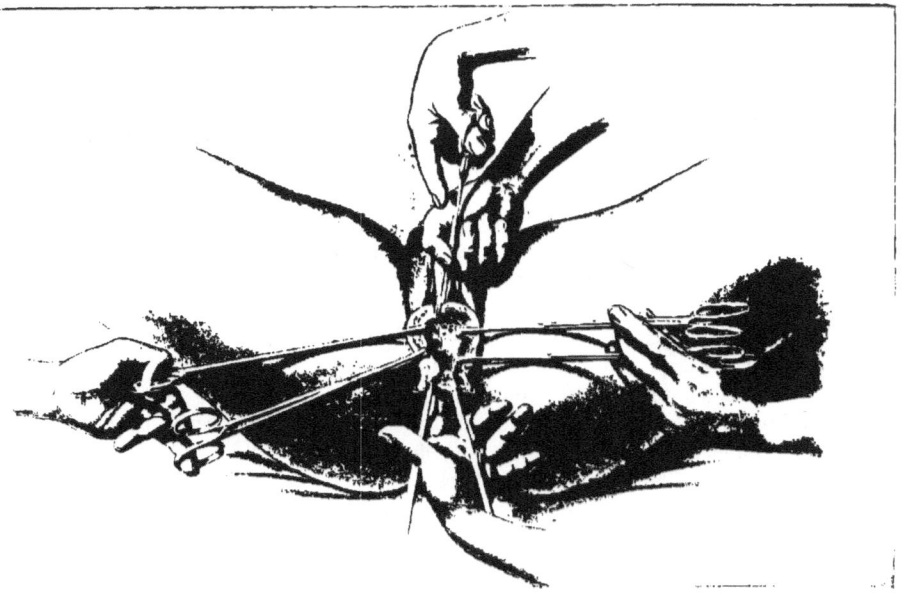

Fig. 40.
Vordere Uteruswand gespalten; Uterus ausgebreitet; Spaltung der hinteren Wand mit der Scheere; Rectumschutz durch den Finger.

Die Gebärmutterhälften weichen nach den Seiten auseinander; sie schnellen, wenn die Anhänge vorkürzt und fixirt sind, federnd nach der Beckenwand zurück und die Finger des Operateurs haben jetzt einen freien und breiten Weg.

Hat der hintere Douglas bis zu diesem Zeitpunkte der Operation den Durchbohrungsversuchen Widerstand geleistet, so wird er jetzt unter entsprechender Beschützung des Mastdarms, Zug der Gebärmutterhälften nach vorn aussen und Controle durch den Gesichtssinn, gleichzeitig mit der Hinterwand median durchschnitten und von dieser Spaltungslinie aus jederseits seitlich eingekerbt.

Beiläufig bemerkt, ist es ausserordentlich verschieden, wie und in welchem Zeitpunkt der vaginalen Radicaloperation bei den einzelnen Verfahren die Eröffnung des hinteren Douglas vollzogen wird: Eröffnung durch den ersten Schnitt im hinteren Scheidengrund; Durchbohrung von diesem aus mit dem Finger; Durchstossung von oben her mit einer Klemme nach Entwicklung der unzerschnittenen oder getheilten Gebärmutter; Durchschneidung von einer Seite her oder endlich von der medianen Durchtrennungslinie des Uterus aus. —

War die Befestigung der Gebärmutter wesentlich eine directe, perimetritische, so sind die Schwierigkeiten jetzt besiegt. Die Anhänge werden leicht hervorgeholt. Bei indirecter, durch die Adnexe bedingter Immobilisirung aber kann jetzt die vorher unmögliche Verkleinerung und Auslösung der Anhänge erfolgen. Die Befreiung der schwer fixirten Tubensäcke oder Eierstöcke geschieht gewöhnlich unter Zuhilfenahme beider Hände, wobei sich als zweckmässig erwiesen hat, dass beispielsweise bei Auslösung der linken Adnexe der linke Zeigefinger resp. Zeige- und Mittelfinger von unten und hinten, der rechte von vorn und oben sich zwischen die auszulösenden Gebilde und ihre Umgebung lateralwärts einbohrt, der linke also hinter, der rechte vor den linksseitigen fest eingemauerten Anhängen arbeitet. Von den Tubenisthmen ausgehend kann man, indem man die betreffende Uterushälfte entsprechend anziehen lässt, die Adhäsionen zerreissen, die Säcke anbohren und ausschälen. Gerade nach der Mediantheilung des Uterus, wodurch breiter, ausreichender Raum geschaffen wird, ist dieser bimanuelle Handgriff leicht und wirkungsvoll. Die befreiten Theile werden mit Ovarialzangen gesichert und dirigirt. Gewöhnlich wird man sich zuerst an die Befreiung der Seite machen, wo sich diesen Vornahmen geringere Schwierigkeiten entgegenstellen. Denn man gewinnt auf diese Weise um so mehr Raum für die schwierigere Befreiung der andern Seite.

Fig. 41.
Anhänge nach totaler Medianspaltung des Uterus beiderseits entwickelt.

So hängen schliesslich die ganzen erkrankten innern Genitalien in zwei symmetrischen Hälften vor der Vulva, ohne dass bisher auch nur eine einzige Klemme angelegt ist[1]). Ausser der Compression der Wundflächen des Uterus ;durch die Muzeux's werden die zuführenden Gefässe durch Zug an den Genitalhälften verengt, und ebenso muss die mit dem Zug verbundene Torsion gefässverengernd wirken (Fig. 41).

Jetzt besteht der Vortheil einer sehr leicht und bequem zu vollziehenden Stielbildung. Oft kann man, wenn man will, das ganze Ligamentum latum von der Basis bis zum Ligamentum infundibulo-pelvicum, lateralwärts von der abscedirten Tube und dem von Eiterherden durchsetzten Eierstock, durch eine einzige Klemme zusammenfassen.

An jedes der Ligamente kann man die Klemmen so legen, dass man sich entweder die in situ vordere (Fig. 42) oder hintere (Fig. 43) Seite sichtbar macht. Auf der dem Gesichtssinn nicht zugänglichen Seite controlirt der dahintergeschobene Finger des Operateurs das Anlegen der Klemmen (Fig. 44).

Die Blutstillung wird auch dann zunächst ausser Acht gelassen, wenn bei den Auslösungsversuchen der Adnexe — was gelegentlich passiren kann — Theile einer weichen Cystenwand oder morschen Pyosalpinx u. dergl. einreissen. Wo man dies befürchtet, ist es zweckmässig, sich stets schon vorher die Theile, deren Entschlüpfen man vermeiden will, durch Anklemmen mit Ovarialzangen zu sichern, und so gelingt es trotz zerreisslicher Beschaffenheit der Anhänge die festsitzende Ampulle einer Eitertube oder Cystenwandtheile herauszuholen und die Operation zu einer durchaus radicalen zu gestalten (Morcellement der Anhänge).

Wir warnen aber hier ausdrücklich vor übertriebenen Bestrebungen in dieser Beziehung. Ganz naturgemäss wird man auf die Entfernung von schwartigen Platten, Schwielen und alten narbigen Producten, die mit der knöchernen oder musculösen Beckenwand Eins geworden sind, verzichten müssen. Können doch in gewissen Fällen die schwielig entarteten Tuben und Eierstöcke selbst in totaler bindegewebiger Umwandlung mit dem verdickten Beckenbindegewebe untrennbar verschmolzen sein! Ebenso ist stets bei der Ausschälung von Abscessen oder restirenden membranösen Fetzen zu berücksichtigen, wie weit sich die Wand von Blase und Darm an der Bildung der Abscesskapsel oder Bindegewebsplatte betheiligt und in ihre Continuität übergeht. Insbesondere zeigt hierzu, wie oben ausgeführt, die Flexura sigmoidea die grösste Neigung. Die radicale Entfernung

---

[1]) In seltenen Fällen ist es allgemein bei den eröffnenden Methoden nützlich, bei starker pericervicaler Fixation erst die Cervix nach präventiver Klemmung der Arteriae uterinae jederseits vom Ligament abzutrennen, um dann an dem nunmehr etwas mobilisirten Uterus die mediane Aufschneidung einer oder beider Wände auszuführen.

Totale Medianspaltung des Uterus.

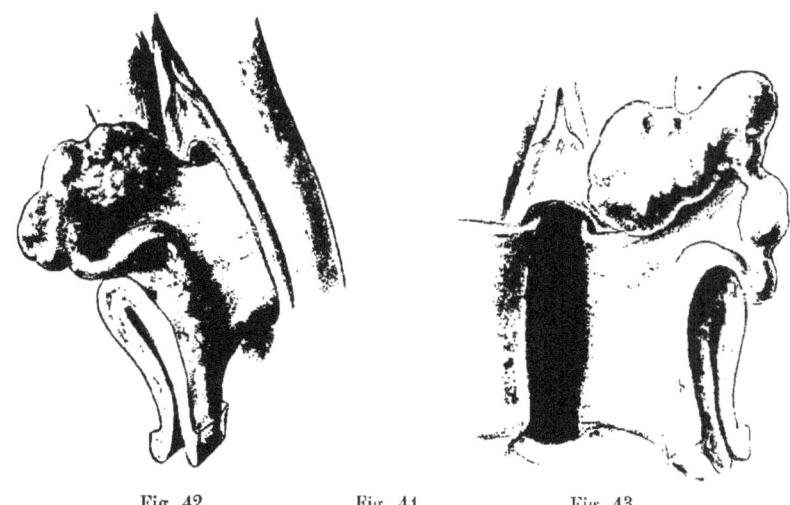

Fig. 42.   Fig. 44.   Fig. 43.

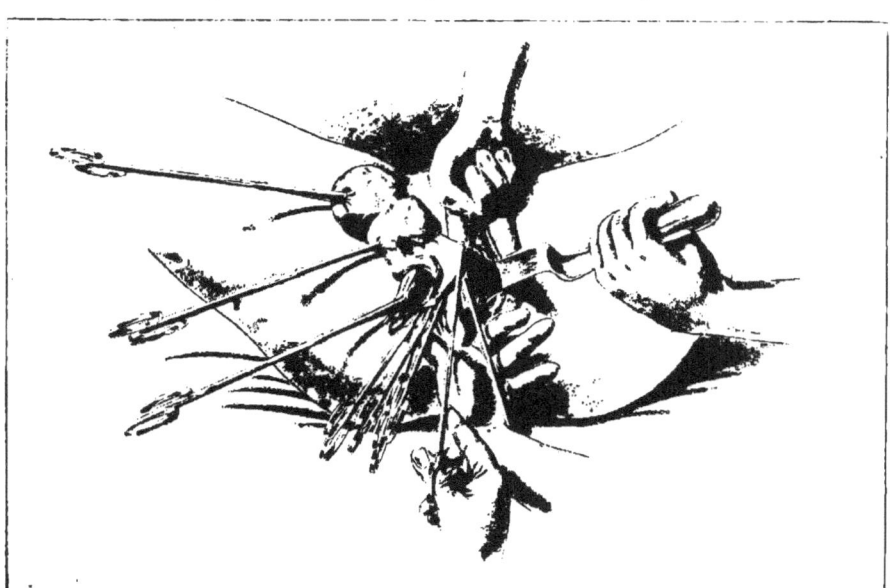

Fig. 42 und 43 zeigt schematisch die beiden verschiedenen Positionen des Ligamentum latum sinistrum für die Anlegung der Klemmen an die linke Hälfte der inneren Genitalien. — Fig. 44 zeigt die Anlegung der Klemmen an die linke Hälfte im Sinne der Fig. 42. Die rechte Hälfte ist hier bereits versorgt und abgeschnitten.

der Abscesse oder der am Darm haftenden Schwielen bedeutet hier die Bildung einer Blasen- oder Darmfistel, während, dem extraperitonealen Heilungsprocesse anheimgegeben, diese Flächen sich von selbst reinigen, die Abscessfetzen sich abstossen.

In einer kleinen Zahl der Eingangs dieses Kapitels characterisirten Fälle haben wir — wie Quénu — die correspondirende Aufschneidung des Uterus an der vorderen und hinteren Wand geübt.

Die Technik der „Section antéro-postérieure" bedarf nach den obigen Ausführungen keiner weiteren detaillirten Beschreibung. Nur sei hervorgehoben, dass bei diesem Verfahren die Gefahr einer Verletzung des Rectum bei dem ersten Mittelschnitt in der Hinterwand der Cervix eine besonders grosse ist. Wo feste derbe Bindegewebsmassen den Douglas obturiren, kann man mit der Scheerenspitze hinten in ein Tractionsdivertikel des Mastdarms hineinfahren oder gar eine adhärente Dünndarmschlinge anschneiden. Darum forciren wir nie diese Variante der totalen Medianspaltung des Uterus. Es treten dann eben andere zerstückelnde, sicherere Methoden in Kraft.

Schliesslich sei noch bemerkt, dass ebenso wie nach medianer Aufschneidung allein der hintern Gebärmutterwand (s. o. S. 122), gelegentlich — etwa bei Complication hierhergehöriger Fälle durch Fibroide in der Hinterwand eines stark retroflectirten Uterus — die beiden Hälften des Organs auch nach hinten umgekippt werden können.

Die in den Figuren 45, 46 und 47 gegebenen Abbildungen erläutern die Ausführung und Wirksamkeit der Sectio uteri mediana totalis.

b) Zerstückelnde Verfahren (Morcellement im engeren Sinne).

1) Regelmässig zerstückelnde.

α) Scheiben-, V- und Y-Schnitte.

Wir schieden (s. o. S. 49) die zerstückelnden Methoden in regelmässig und unregelmässig zerstückelnde oder „morcellirende" im engeren, eigentlichen Sinne. Das zunächst zu schildernde Verfahren der Scheiben-, V- und Y-Schnitte stellt das einfachste der regelmässig zerstückelnden Verfahren dar und bildet die verbindende Brücke von den eröffnenden, median halbirenden Operationen zu den morcellirenden.

Die Indication für diese Art regelmässiger Zerstückelung liegt dann vor, wenn es sich um symmetrische gleichmässige Vergrösserung des Organs durch allgemeine Hyperplasie oder durch Fibroide handelt, die Kleinkindkopfgrösse nicht übersteigt; die blosse Aufschneidung einer Wand oder die totale Spaltung kann hier das Organ für den Durchtritt durch die natürlichen Geburtswege nicht ausgiebig genug verkleinern. Die Mittellinie dient als Basis für die zerstückelnden Massnahmen, und die bezüglich

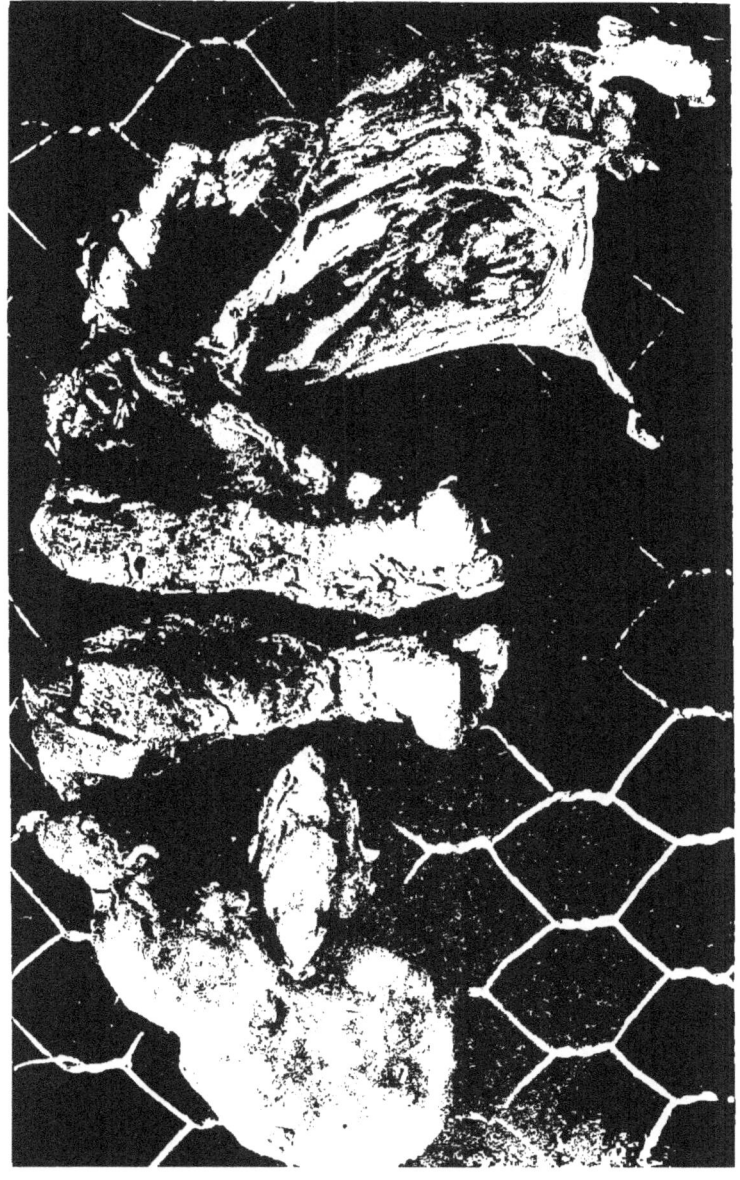

Fig. 53.
Vaginale Radicaloperation mit totaler Medianspaltung des Uterus.

Die Technik der vaginalen Radicaloperation.

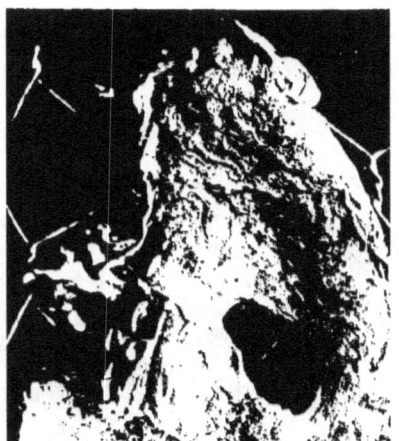

Scheiben-, V- und Y-Schnitte. 133

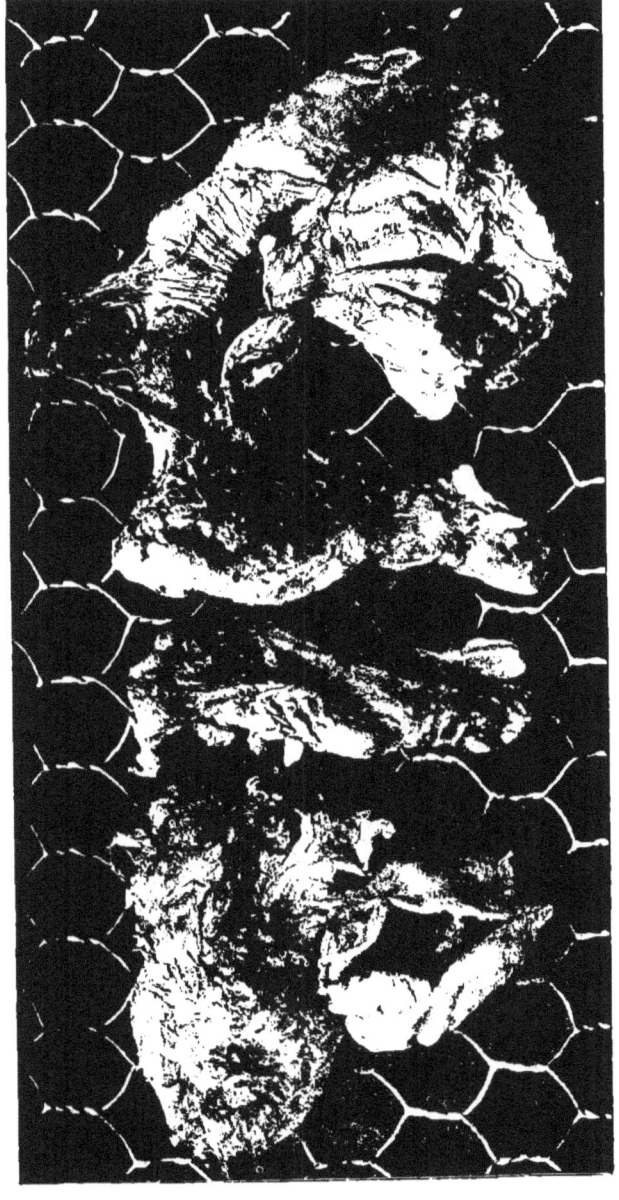

Fig. 47.
Vaginale Radicaloperation mit totaler Medianspaltung des Uterus.

134 Die Technik der vaginalen Radicaloperation.

der Blutung einzig gefährlichen Seitentheile werden dabei vermieden. Die Methode der V- und Y-Schnitte kommt aber auch in Betracht bei unsymmetrischer Vergrösserung des Uterus bis zum nämlichen Volumen. Die Führungslinie für die Zerstückelung fällt hier allerdings nicht, wie bei symmetrischer Vergrösserung, mit der Mittelebene des Körpers, sondern mit der des Uterus zusammen.

Im Wesentlichen ist also dies Verfahren dann angezeigt, wenn es sich um bewegliche oder — bei Anwendung der Methode — sehr bald beweglich werdende vergrösserte Uteri handelt. Die allein durch Grösse bedingte Fixation wird durch diese Art der Verkleinerung beseitigt. Jedoch kann man das Verfahren auch gelegentlich bei fixirtem vergrösserten Uterus mit Vortheil anwenden.

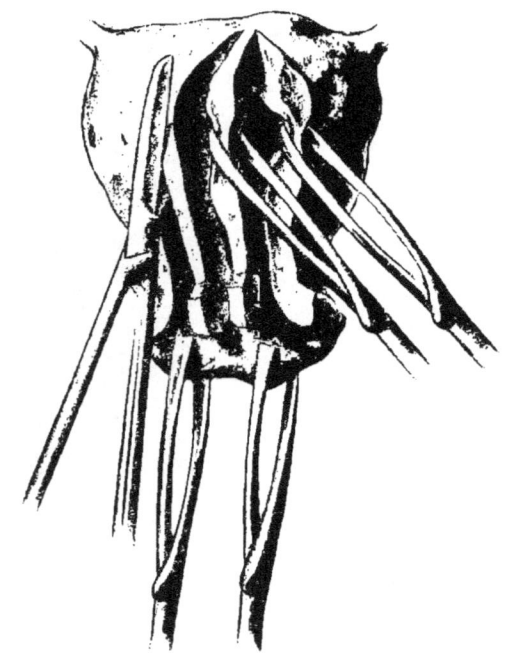

Fig. 48.
Scheibenschnitte aus der Vorderwand eines vergrösserten Uterus.

Man verfährt so, dass zunächst nach den oben gegebenen Regeln das Collum umschnitten und befreit wird. Ist die Blase mit den Ureteren nach oben geschoben, so wird zunächst das Collum an der vorderen Wand in der Mittellinie, wie beim eröffnenden Verfahren, gespalten. Zuweilen kann man danach sogleich an intramurale oder submucöse Fibroide herankommen und sie enucleiren (conservative Hysteromyomotomia vaginalis, Doyen). Ueberhaupt wird im Verlaufe aller Operationen an myomatösen Uterus zum Zwecke der Verkleinerung des Organs von der Enucleation, wo nur möglich, ausgiebigster Gebrauch gemacht.

Wenn die vergrösserte Gebärmutter herunterzuziehen ist und die Nachbarorgane durch Ecarteure gedeckt werden können, wird der Mittelschnitt bis zum Fundus geführt und der Effect der Aufrollung, bezüglich der Möglichkeit den Fundus zu kippen, geprüft. Hat man damit Schwierigkeiten, so wird nunmehr der Uterus im Breitendurchmesser verkleinert, indem man jederseits — zuweilen genügt es auf einer Seite — von der Längsschnittfläche aus regelmässige streifenförmige Scheiben aus der ganzen Dicke und Länge der Vorderwand ausschneidet: man packt das Gewebe mit Muzeux's, resecirt es mit Scheerenschlägen und fixirt vor völligem Abschneiden die Schnittflächen durch neu angesetzte Greifzangen. (Fig. 48.) Damit ist eine gleichmässige oft erhebliche Verminderung des Organs im Breitendurchmesser erreicht.

Dieser regelmässigen Verkleinerungsart gegenüber, welche die ganze Dicke und Länge der vorderen Uteruswand streifenförmig durchgreift und besonders bei gleichmässiger Dickenzunahme des ganzen Organs wirksam wird, ist als zweite regelmässige Methode der Zerstückelung diejenige anzureihen, bei der es sich um die Entfernung keilförmiger oder rhombischer Stücke der Uteruswand handelt. Sie wird dann geübt, wenn die Vergrösserung des Uterus sich mehr nach dem Fundus zu localisirt, der Uterus nach oben zu sich keilförmig verdickt.

Zuweilen genügt nach mehr oder weniger weit fortgeführter Medianspaltung der Wand bereits die einfache Excision eines einzigen kleineren oder grösseren V-förmigen Stückes, um die erforderliche Beweglichkeit zu bewirken. Dadurch formirt die Schnittlinie als Ganzes ein Y. Erweist sich diese einfache Variante als nicht ausreichend, so halte man sich an Methoden, wie sie Doyen und Segond ausgebildet und unter verschiedenen Namen beschrieben haben.

Ein Blick auf die beigegebene Figur Doyen's lehrt die Art seines Vorgehens, der „Ablation successive des fragments losangiques et cunéiformes". (Fig. 49.)

Man verzichtet hier entweder von vornherein auf die sagittale Theilung des Uterus oder giebt dieselbe alsbald nach der Medianspaltung des Collum als unthunlich auf. Statt dessen legt man von dem Mittelpunkt der vorderen Lippe oder vom Endpunkt des verschieden hoch geführten Mittelschnittes aus, soweit man dies gefahrlos thun kann, zwei Schnitte an, die von der Mittellinie symmetrisch divergirend jederseits nach oben und aussen ziehen und somit einen Keil in Form eines V aus der Vorderwand des Uterus ausschneiden. Dieser Keil wird längs seiner oben liegenden Basis abgetragen, und es kann, wie gesagt, unter Umständen die so gewonnene Verschmälerung des Organs bereits bisweilen den Durchtritt des Fundus in die Scheide vor die Vulva ermöglichen. Wo das nicht der Fall ist, schneidet man den freigewordenen Lappen in rhombischer Form aus, fixirt die beiden seitlichen Lippen der Wunde durch Muzeux's und excidirt weiterhin Rhomboeder, wie auf der beigegebenen Figur 49. Die Muzeux's klettern dabei in die Höhe,

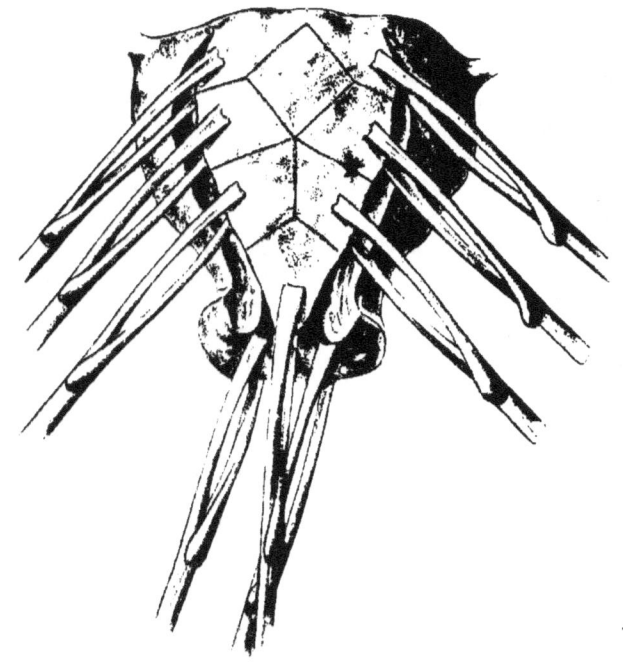

Fig. 49.
(nach Doyen, l. c., Fig. 34, S. 87.)

fixiren jedesmal die auszuschneidenden Theile und die Wundlippen und ziehen die Gebärmutter mehr und mehr nach unten in die Scheide, genau in der Art und im Sinn der oben beschriebenen Aufrollung. Die ganze ausgeschnittene Masse der Vorderwand stellt so schliesslich einen grossen Keil mit der Spitze nach unten dar.

Bei der von Segond angegebenen Art der regelmässigen Zerstückelung sollen im Gegensatz zu Doyen Keile aus der Dicke der Vorderwand gebildet werden, die sämmtlich mit ihrer Basis vaginalwärts, mit ihrer Spitze gegen den Fundus gerichtet sind. Sie werden jedesmal vor ihrer Ausschneidung in der Mitte ihrer Basis mit Muzeux's gefasst: „Armé d'un bistouri courbe, on dessine en plein tissu utérin un cône dont la base répond à la pince de Museux. Avant de détacher complètement ce cône on s'amarre avec une pince à deux dents sur la lèvre du cône creux concentrique qu'on vient de tailler et l'on achève l'ablation du cône plein. La même manoeuvre est répétée en cheminant pas à pas, j'allais dire cône à cône, du col vers le fond de l'utérus (s. Baudron, l. c. S. 42)."

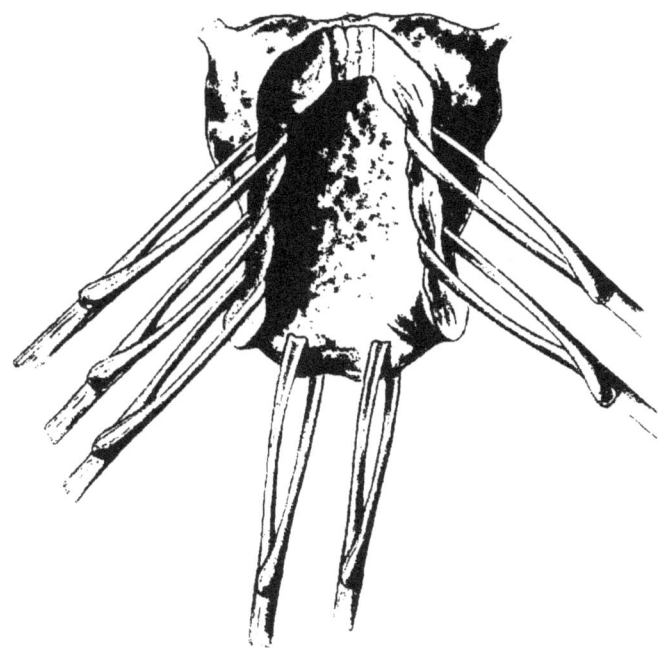

Fig. 50.

Den Endeffect einer derartigen Zerstückelung zeigt die beistehende Figur 50: aus der Vorderwand ist ein △-Stück mit der Basis nach unten ausgeschnitten.

Wo es sich um Fixation des vergrösserten Uterus handelt, löst man, nachdem die Verkleinerung der vorderen Wand nach einer der geschilderten Methoden Raum und etwas Mobilisirung des Organs geschaffen hat, mit dem über den Fundus geführten Finger die Befestigungen, schält die Anhänge aus und entwickelt die Theile.

Segond hat sein Verfahren „Évidement central conoïde" benannt, trotzdem es sich hier, streng genommen, weder um eine Aushöhlung, noch um eine centrale Aushöhlung, noch endlich um die Entfernung kegelförmiger Stücke handelt. Die eigentliche „centrale kegelförmige Aushöhlung" hat ihren Platz unter den Methoden der unregelmässigen Zerstückelung und dient zur Verkleinerung z. B. von Fibroiden; wir werden sie alsbald kennen lernen. — Die aus jener nicht ganz glücklichen Benennung erwachsenen Missverständnisse veranlassen Segond zu einer authentischen Interpretation, in der er (Anm. S. 42, Baudron) sagt: „L'expression évidement central ne signifie point qu'on évide du centre de l'utérus vers sa périphérie, mais bien de la face péritonéale vers la cavité, en se tenant toujours au centre de l'organe."

Wer die einzelnen Verfahren der regelmässigen Verkleinerung, die streifenförmige Resection der Vorderwand, Doyen's oder Segond's Methode im gegebenen Falle übt und vergleicht, kann nicht im Zweifel sein, dass die Durchführung einer wirklich geometrischen Zertheilung des Organs, etwa in der Art der obigen Figur (49), nur gelegentlich gelingt. —

Segond wendet bei seinem „Évidement central conoïde" principiell die präventive Versorgung der Arteriae uterinae an; das Collum wird stets vor der Verkleinerung des Corpus im Ganzen abgetragen.

Demgegenüber betonen wir, dass für uns, wie oben ausführlich auseinandergesetzt (s. o. S. 53), weder diese noch irgend eine andere Art der Zerstückelung in einem Correlativverhältniss zu einer bestimmten Art der der Blutstillung steht.

Allermeist kommt man, sofern diese regelmässig morcellirenden Methoden mit Vortheil, d. h. mit technischer Leichtigkeit und ohne Gefahr für Nachbartheile anwendbar sind, mit secundärer Blutstillung aus. Sobald der Uterus durch diese oder jene Form der regelmässigen Zerstückelung mobil geworden ist, verfährt man nicht anders als bei der Entfernung des Organes im Ganzen oder nach der Eröffnung desselben. Man bildet die Stiele, klemmt und trägt ab.

Findet sich die Befestigung wesentlich paracervical, so ist es nothwendig, um ein Tiefertreten des Uterus für das Arbeiten an den Corpustheilen möglich zu machen, die Arteriae uterinae präventiv zu versorgen und die Cervix zu befreien. Der Uterus lässt sich dann eher nach abwärts ziehen.

Zuweilen muss sogar in solchen Fällen, um überhaupt an die höheren

Theile der Gebärmutter herankommen zu können, die Cervix nach präventiver Versorgung abgeschnitten werden. Erst dann kann an dem vergrösserten Uteruskörper die regelmässige Zerstückelung ausgeführt werden. Damit übt man bereits eines des „combinirten" Verfahren, von denen unten noch die Rede sein wird.

Die oben beschriebenen Methoden, die für die regelmässige Verkleinerung an der vorderen Wand angewendet werden, können mutatis mutandis — bei besonderer Entfaltung und Protrusion der hinteren Uteruswand — auch zur Verkleinerung dieser herangezogen werden.

Voraussetzung hierfür ist, dass die Nachbartheile der Hinterwand, Rectum und etwa angelöthete Darmschlingen, vom hinteren Scheidenschnitt her stumpf abgeschoben und durch einen Ecarteur oder die Finger gedeckt sind. Auch hier kann man streifen-, keilförmig oder rhomboedrisch reseciren oder Fibroide enucleiren.

β) Bilaterale Aufschneidung des Uterus mit horizontaler Abtragung unter präventiver Blutstillung. (Klassisches Morcellement Péan's: Morcellement par résections transversales successives des deux valves utérines obtenues par section transversale de l'organe après solide hémostase préventive.)

Da diese Methode präventive Blutstillung voraussetzt, so ist sie für uns stets eine Methode des Zwanges, ein ultimum refugium. Aber dessenungeachtet ist sie für eine Reihe von Fällen, und zwar für die schwersten, die einzige, die zum Vortheil der Kranken angewendet werden kann. Sie ist angezeigt, wenn neben doppelseitigen Pyosalpinxsäcken oder Ovarialabscessen oder multiplen intra- oder extraperitonealen Abscessen, die nach Darm oder Blase durchgebrochen sein können, breite und harte pachypelviperitonitische Schwielen den metritischen, nicht über mannsfaustgrossen Uterus ummauern und breit und massig mit dem Beckenboden verschmolzen sind; oder wenn schwartige fibröse Massen als Producte plastischer Pelviperitonitis — auch ohne eitrige Processe — die Gebärmutter fesseln, so dass diese damit jeglicher Beweglichkeit baar geworden ist.

Die Indicationen für dies Verfahren bilden somit die schwersten entzündlichen und eitrigen Veränderungen an Uterus, Anhängen und Beckenbauchfell, speciell die schwersten Formen der complicirten Beckenabscesse.

Péan ist in der zu wenig differenzirenden Anwendung seiner planvollen zerstückelnden Methode bei jeglicher Art von „Suppuration pelvienne" und beim Carcinom der Gebärmutter heute insofern überholt, als einfachere und dabei doch radikale Methoden im Gegensatz zur Castratio uterina in der Behandlung der „Beckeneiterungen" in streng individualisirender Weise zur Anwendung kommen, für den Krebs aber zerstückelnde Verfahren sogar ausgeschlossen werden müssen.

Dennoch hat seine Methode in der Therapie der oben gekennzeichneten Fälle ihren bleibenden Platz. Für die anderen zerstückelnden Methoden ist sie Ausgang der Entwicklung geworden, wenn auch freilich das von Péan für die Zerstückelung ausschliesslich festgehaltene Princip der präventiven Blutstillung nur zum Theil gewahrt geblieben ist.

Combinirte Verfahren, wie das Procédé de Segond, das neuerdings Baudron beschreibt — Abtragung des Collum nach präventiver Blutstillung, Entwicklung des Körpers nach Aufschneidung der vorderen Wand oder „Évidement central conoide"[1] —, das also die präventive mit der consecutiven Blutstillung vereinigt, werden auch wir im Princip überall da anwenden, sobald im Verlaufe der klassischen Péan'schen Operation die Möglichkeit für primäre Freilegung der Theile eintritt.

Muss man aber die Péan'sche Operation rein bis zu Ende führen, so liegt ihr charakteristisches Merkmal gegenüber allen anderen Verfahren darin, dass man in keinem Augenblicke mit beweglichen und entwicklungsfähigen Theilen zu rechnen hat und zu rechnen braucht.

Jedenfalls betonen wir nochmals, dass wir für eine Reihe von Zuständen die vollkommene Durchführung der Péan'schen Methode für das einzig gangbare und wirksame Verfahren erachten müssen. Es ist sicherer für die Nachbartheile, bei innigster Verwachsung und Verlöthung der Gebärmutter an ihrer Vorder- und Hinterfläche schneidende Instrumente zunächst nicht im Gebärmutterfleische, sondern nur im Gebiete der präventiv versorgten Ligamente unter steter Controle des Gesichtssinnes zu verwenden. Von einer Blutung in dem entsprechenden Uterusbezirk ist dann keine Rede mehr: die ganze Breite desselben ist für zerstückelnde Massnahmen frei, während bei der zerstückelnden Ausschneidung des fixirten Corpus ohne präventive Blutstillung die Muzeux's die Blutung in solchen Fällen nur unvollkommen beherrschen würden. Sie können hier die Gefässe zwar zusammendrücken, aber wegen der Fixation des Gewebes nicht durch Zug verschliessen.

Man verfährt, wie folgt: Einhaken je eines Muzeux an der vorderen und hinteren Lippe, oder eines an der vorderen, zweier symmetrisch an der hinteren Lippe. Jedenfalls Freilassung der seitlichen Commissuren. Ovalärschnitt. Auslösung der Cervix. Es ist oft schwierig, die starken und festen fibrösen pericervicalen Gewebslager zu durchtrennen. Von Scheere und Messer muss ausgiebiger Gebrauch bei der Freilegung des Collum gemacht werden, und

---

[1] L'organe ainsi enlevé est un utérus sans col et sans paroi antérieure. Baudron, l. c. S. 43.

Bilaterale Aufschneidung mit horizontaler Abtragung unter präventiver Blutstillung.

hier gilt ganz besonders die Regel, immer möglichst direct auf dem Uterus oder selbst im Uterusgewebe zu arbeiten. Man erwäge, dass hier die Gefahr der Nebenverletzungen keine geringe ist: Blase und Mastdarm sind durch Schrumpfungsprocesse mit dem Collum verbacken und die Harnleiter nicht bloss von schwieligen Massen umwachsen, sondern auch durch Narbenzug verlagert, oft dicht an den Uterushals herangezogen. Darum darf man hier nicht gewaltsam sofort die Blase und Harnleiter in ganzer Ausdehnung nach oben zu dislociren und die vordere Peritonealfalte zu erreichen suchen. Ebensowenig forcire man hinten sofort mit dem Finger die Schwarten im Douglas zu durchdringen, obschon natürlich die Eröffnung von Cysten und Eitersäcken bei letzterer Manipulation nur erwünscht sein kann. Des Oefteren sieht man hier ganz beträchtliche multiloculäre Flüssigkeitsansammlungen sich entleeren, sobald man den Douglas zu durchdringen sich bemüht.

Worauf wir vielmehr jetzt ganz besonders zu achten haben, das ist, seitlich neben dem Collum beiderseits von den Ligamenten so weit vorn und hinten die Scheidenschleimhaut abzulösen, dass man jederseits ein gleich hohes freies Terrain gewinnt, dessen obere Grenzlinie der des freigelegten Collumabschnittes entspricht. Dieser unterste zuerst freigelegte Bezirk des breiten Mutterbandes schliesst die Arteria uterina ein. In der ihm entsprechenden Ausdehnung muss man natürlich sicher sein, Blase und Harnleiter weggeschoben zu haben.

Man vermeide allzu brüske, bohrende oder zerrende Bewegungen bei dieser Befreiung des Ligamentum cardinale. Vielmehr heisst es hier mit der grössten Ruhe und Vorsicht vorgehen, nicht allein, weil man Blase oder Harnleiter direct anreissen könnte, sondern auch um Continuitätstrennungen der grossen Gefässe zu vermeiden. Die chronisch entzündlichen Processe im Beckenbindegewebe bleiben auf die Wandungen der eingeschlossenen Gefässe nicht ohne Einfluss. Arteriitische und periarteriitische, phlebitische und periphlebitische Processe können eine aussergewöhnliche Brüchigkeit der Gefässwände bewirken.

An die isolirte Basis des breiten Mutterbandes wird jederseits eine Klemme mit kurzem festem Maule angelegt und sofort medial von diesen Klemmen mit der Scheere abgeschnitten. Der befreite Halstheil wird dann rechts und links in der Frontalebene an den Commissuren mit der Scheere aufgeschnitten und so ein vorderer und hinterer Lappen gebildet. Beide Lappen werden einer nach dem anderen mit Muzeux's angezogen und mit der Scheere in der Horizontalebene von der vorderen und hinteren Wand des Uterus getrennt. Dann wird je ein Muzeux vorn und hinten in der Mittellinie in die Wundflächen des zurückbleibenden Stumpfes eingehakt.

Bei allen diesen Schnitten ist die Blutung gleich Null. Denn der jedesmal abzutragende Uterusabschnitt ist quer von einem bis zum anderen Gefässgebiet versorgt.

Für zweckmässig halten wir es, die Abtrennungsfläche der Lappen nicht horizontal, sondern schräg, vom Cavum nach vorn resp. hinten abfallend, anzulegen. Es entsteht dann ein mit der Kante nach oben gerichteter zelt- oder keilförmiger Hohlraum, und die für die Muzeux's zurechtgeschnittenen Theile fallen lippenförmig, scharfkantig aus.

Jetzt ist Raum geschaffen, den Uterus weiter auszulösen und die Abpräparirung wird vorn, hinten und an den Seiten in ganz derselben Weise, wie eben geschildert, weiter geführt, so hoch man kommt. Die allergrösste Aufmerksamkeit ist auf die Ausschälung der vorderen Wand zu verwenden, solange die Ablösung der Blase und Harnleiter noch nicht vollkommen ist. Entsprechend der Höhe des freigelegten Uterusabschnittes und Ligamentbezirkes wird jederseits wieder eine feste Pince mit kurzen Branchen medial von der ersten angelegt, das Ligament entsprechend durchschnitten, eine vordere und hintere Lippe gebildet und wiederum jede derselben in horizontaler Richtung abgetrennt.

Bei der Bildung dieser zweiten Etage erscheint gewöhnlich die vordere Peritonealfalte als weissliche starre fibröse Membran. Sie wird in der üblichen Weise eröffnet, und der eingeführte Finger zerreisst Adhäsionen im vorderen Douglas und löst angewachsene Darmschlingen.

Der hintere Douglas bietet meist erheblich grösseren Widerstand. Indem der Finger schrittweise jedesmal bei der Lappenbildung aus dem Uterusfleisch die Verbindungen mit dem Mastdarm vorsichtig durchdringt, kommt man nicht selten erst bei der Ausschneidung des Fundus hinten in die Bauchhöhle (totale Obliteration des hinteren Douglas).

In Verfolgung der Totalexstirpation des Uterus gleichen die weiteren Massnahmen stets den ersten. Aufs Neue Freilegung eines Uterus- und Ligamentabschnittes, Bildung der Lippen durch seitliche Spaltung nach präventiver Blutstillung. Abtragung der Lippen: schrittweise gehen Aufschneiden und Ausschneiden der Theile Hand in Hand, bis man schliesslich den ganzen Uterus unter vollkommenster Versorgung aller seiner Gefässe soweit ausgeschält hat, dass nur noch die Hörner desselben übrig bleiben, die mit Muzeux's gepackt den Weg zu den Anhängen weisen.

Vorausgesetzt, dass nicht doch im Verlauf der schrittweisen Ausschneidung eine Mobilisirung des Fundus eintritt, der dann mitsammt den Anhängen in der oben mehrfach vorbildlich geschilderten Weise im Ganzen entwickelt wird, vollzieht sich für gewöhnlich die totale schrittweise Abtragung der Gebärmutter in drei bis vier Acten, also unter Anlegung von drei bis vier Klemmen jederseits.

Unsere weitere Aufgabe ist jetzt allein abhängig vom Zustand und Situs der erkrankten Adnexe. Bei massiger Pachypelviperitonitis, mit wesentlicher Betheiligung des Uterus und Beckenbauchfells, bei welcher die an sich relativ wenig veränderten oder gleichfalls bindegewebig total entarteten Anhänge (Pachysalpingitis, Cirrhosis ovarii) im Beckenbindegewebe vergraben und mit diesen und der Beckenwand unlösbar verwachsen sind, wäre es, wie bereits oben angeführt, ebenso überflüssig wie gefährlich, die radicale Operation erzwingen zu wollen. Man würde den Beckenboden nur zerfetzen, oder Därme und Ureteren anreissen. Hier genügt die Entfernung der Gebärmutter allein.

Denn damit ist erstens der Herd des schleichenden Entzündungsprocesses, der kranke Uterus, eliminirt. Zweitens ist mit der Entfernung desselben der Pfeiler gefallen, der die Darmschlingen, insbesondere Dickdarmtheile, mit festen Strängen an sich kettete und so in ihrer Beweglichkeit und Continuität tiefgreifend beeinträchtigte (chronischer Ileus).

Anders, wenn wesentlich Flüssigkeitsansammlungen in den Anhängen insbesondere Abscesse (Pachypyosalpinx, Pyoovarium, intra- und extraperitoneale Abscesse) in Frage kommen. Die radicale Operation ist hier nicht bloss erstrebenswerth, sondern auch technisch ausführbar: Indication und technische Möglichkeit gehen glücklicherweise parallel.

Die Adnexe — zunächst am vortheilhaftesten die leichter zu enucleirenden — werden von den Uterushörnern aus in das durch die Abtragung des Organs geschaffene Loch gezogen. Oft sind dieselben schon bei der Abtragung der Gebärmutter entleert und verkleinert. Man geht mit zwei Fingern der einen Hand vom Isthmus her an den erkrankten Tuben entlang und schält diese nebst den veränderten Ovarien stumpf aus, wobei die Auslösung durch Zug mit den Ovarialzangen an den bereits freigewordenen Theilen unterstützt wird.

Gegenüber der Anhangsauslösung bei den vorgeschilderten Methoden ist wegen der bereits liegenden Klemmen hier eine grössere Vorsicht geboten. Zu heftiges Manipuliren in dem durch die Pincen immerhin eingeschränkten Raum[1]) kann zum Abgleiten oder Abreissen von Klemmen führen, die an den Arteriae uterinae liegen. Darum vermeide man mög-

---

[1]) In einzelnen Fällen — namentlich bei enger Scheide — haben wir, wenn die Elasticität des Ligaments es gestattete, die in den Klemmen nach der Uterusabtragung liegenden mehrfachen Stiele zu einem oder zweien in eine oder zwei Klemmen zusammengefasst. Es werden zu diesem Zweck lateral von den angelegten Pincen eine oder zwei vorgeschoben und dann die zuerst angelegten sammt dem von ihnen gefassten Gewebe abgeschnitten. Verfährt man so vor der Adnexauslösung, so gewinnt man mehr Raum für die hierfür erforderlichen Handgriffe. Mit der Abnahme der Pincenzahl nimmt die Weite des Wundtrichters zu. Dadurch ist in einer besonders bei engem Scheidencanal erwünschten Weise ein besserer Abfluss des Wundsecretes gegeben. Diese Vereinfachung der Stiele durch „Zusammenfassen" kann auch bei jeder der anderen Methoden der vaginalen Radicaloperation in nämlichem Sinne geübt werden, zumal, wenn die Zahl der

liebst alle bimanuellen Ausschälungsversuche. Ergeben sich Schwierigkeiten, so lege man sich vielmehr Abscesse, Tubensäcke u. dergl. mit Hülfe von Ecarteuren und vorsichtiger Spreizung der angelegten Klemmen bloss und versuche, vielleicht nach Entleerung noch vorhandener Flüssigkeitsansammlungen, höher gelegene Abschnitte auszulösen und herabzuziehen. Ein je grösserer Abschnitt der veränderten Anhänge dem Uterus anliegt oder je mehr die kranken Adnexe der Excavatio recto-uterina genähert sind, um so leichter ist ihre Ausschälung. Oft lassen sie sich dann in toto entwickeln und stielen. Ein anderes Mal sind sie freilich nur in mehr oder weniger grossen Stücken herauszubefördern.

Sind die Verwachsungen mehr lateral gelegen oder haben sich die Entzündungsproducte hoch nach hinten hin oder retroperitoneal hinter das Mesenterium der Flexura sigmoidea oder nach vorn und oben an die Bauchwand präperitoneal vorgeschoben, so kann man zuweilen auf rein vaginalem Wege nur eine unvollkommene Ausrottung alles Krankhaften erzielen. Dann tritt die secundäre ventrale Laparotomie in ihr Recht. Mit ihrer Hilfe muss dann vollendet werden, was vaginal nicht zu vollenden war. Man macht nach Schnitt in der Linea alba die Eitersäcke frei und ligirt sie wie bei der primären Laparotomie oder schiebt an den jetzt formirten Stiel von der Scheide her unter directer Inspection eine oder mehrere Klemmen vor.

Die intraabdominale Ligatur kann kurz abgeschnitten oder an ihr der Stumpf in den Scheidenwundtrichter herabgeleitet werden. Zuweilen ist die auf vaginalem Wege vor der ventralen Laparotomie vollzogene Blutstillung an den Adnexen soweit wirksam geworden, dass die Anhänge wie Corpora libera, ohne besondere Versorgung und ohne dass ein Tropfen Blut fliesst, aus den fixirenden Membranen herausgelöst werden können. Sobald die Entfernung alles Erkrankten beendet ist, wird sofort die Bauchwunde geschlossen und nun das Wundgebiet von der Vagina her revidirt. Aus den Adhäsionsfetzen und durchrissenen Verwachsungssträngen oder kleinen Resten von Abscessmembranen blutet es zuweilen nicht unerheblich parenchymatös, um so mehr, je weniger der Entzündungsprocess in schwieligen, mehr sklerotischen Producten seinen Abschluss gefunden hatte. Kurzdauernde Compression mit Stieltupfern stillt die Blutung meist; in anderen Fällen legt man einige kurzmäulige leichte Klemmen an. Am Operationsschluss wird der centrale Gazestreifen über das ganze fetzige und zerrissene Wundgebiet locker ausgebreitet.

---

am Schluss der Operation liegenden Klemmen eine Gewichtsverminderung des Klemmenbündels erwünscht erscheinen lässt. Ebenso werden auf diese Weise die Stiele gekürzt und grössere Gewebsfetzen und -stücke entfernt, die sonst der Selbstausstossung überlassen blieben.

Es darf nicht verschwiegen werden, dass es manchmal auch nach dem der vaginalen Operation angeschlossenen Bauchschnitt unmöglich ist, an die veränderten Anhänge überhaupt heranzukommen, wie, beiläufig bemerkt, auch bei primärer ventraler Laparotomie, weil die miteinander durch Pachyperitonitis chronica verbackenen Därme ein undurchdringliches Dach über den inneren Genitalien bilden. Die Darmschlingen und Anhänge isoliren, sie von der Bauch- und Beckenwand trennen, heisst sie zerreissen. Derartige Fälle sind eben auf keine Weise radical operirbar.

Hier muss man sich unter dem Zwange der Nothwendigkeit mit der Hysterectomie allein und der Eröffnung und vollkommener Drainage aller Eiterhöhlen nach der Scheide zu begnügen; in die zurückbleibenden Taschen und Buchten wird Gaze überall locker eingefügt. Ebenso müssen Theile eines Eiterherdes — unbeschadet seiner vielleicht extraperitonealen Entwicklung — zurückgelassen werden, wenn er mit seiner Kapsel in die Continuität eines Hohlorganes (Darm, Blase) eingeht.

Dass hier die Operation unvollkommen bleiben muss, ist klar.

So besitzt auch die vaginale Radicaloperation selbst in Combination mit der ventralen Köliotomie ihre Grenzen und muss dann Halt machen bei der Castratio uterina.

2) Unregelmässig zerstückelnde Verfahren (Morcellement im engern Sinn).

α) Bei nicht oder nicht wesentlich vergrössertem Uterus.

Das eben geschilderte Verfahren der bilateralen Aufschneidung des Uterus mit horizontaler Abtragung ist in dieser Regelmässigkeit dann nicht durchzuführen, wenn die Gebärmuttersubstanz die zur Configuration der einzelnen auszuschneidenden Theile nothwendige Festigkeit eingebüsst hat: also bei entzündlichen ödematösen Infiltrationszuständen, wie sie vornehmlich bei Abscedirungen im Becken post partum oder abortum, bei umfangreich vereiterten Tubengraviditäten oder endlich bei manchen chronischen, wieder aufflackernden, sogenannten subacuten Beckeneiterungen vorkommen.

Wir wollen hier davon absehen, über die Anzeige der Hysterectomie gerade bei puerperalen Eiterungsprocessen zu discutiren. Einige Autoren (z. B. Richelot) stellen die puerperale Mürbheit und Auflockerung des Uterusparenchyms geradezu als Contraindication der Hysterectomie auf. Uns selbst ist, beiläufig bemerkt, von zwei wegen puerperaler complicirter Beckenabscesse vaginal radical Operirten eine gestorben, die andere trotz der vor der Operation trostlosen Prognose gerettet worden. Wie dem auch sei, jedenfalls sind die technischen Schwierigkeiten in allen Fällen metritischer, auch nicht puerperaler Mürbheit der Gebärmutter für die Uterusexstirpation aussergewöhnliche, eben weil man nicht die Möglichkeit besitzt, den Operationsplan nach eigenem Willen durchzuführen, sondern das Vorgehen bis zu einem gewissen Punkte geradezu von der Consistenz des Uterus bestimmt wird. Das gilt natürlich ebensowohl für das intendirte Péan'sche Morcellement wie für jedes andere auslösende Verfahren am weichen Uterus.

Die Hauptschwierigkeit liegt ebensowohl in der Vermeidung der Blutung wie in ihrer Beherrschung. Nicht nur, dass die sonst bei den zerstückelnden Verfahren durch Zug und Druck blutstillend wirkenden Muzeux's versagen, weil beim Zug das Gewebe einfach abreisst, beim Druck aber zerquetscht wird: es kann auch trotz aller Bemühungen, die Seitenpartieen der Gebärmutter zu schonen, gerade hier das Gewebe einreissen und der Riss sich in das entzündete, reich vascularisirte Ligament fortpflanzen.

Unter diesen Umständen kann man, wenn auch möglichst das vorgeschilderte Péan'sche Morcellement in jedem Augenblick der Operation intendirt wird, eine einheitliche paradigmatische Beschreibung einer solchen Operation schwer geben. Sie wird bald nur wenig von dem klassischen Verfahren Péan's abweichen, bald in ihrer unberechenbaren Regellosigkeit diesem kaum noch ähneln.

Die Operationsanzeigen sind bereits im Eingange dieses Capitels charakterisirt. Die mürbe Gebärmutter selbst darf Mannsfaustgrösse nicht übersteigen.

Schon beim Beginn der Operation, beim Anhaken und Zug an der Cervix oder bei der Columnauslösung zeigt sich trotz der Leichtigkeit, mit welcher das ödematöse paracervicale Gewebe durchtrennt wird, dass die Muzeux's nicht halten, vielmehr das Portioparenchym reisst und bricht. Die allerorts gleiche Schwierigkeit, im Gewebe festen Halt zu fassen, bedingt auch die Unmöglichkeit, in geometrischer Weise fortschreitend den Uterus abzutragen. Man thut am besten, möglichst stumpf mit den Fingern immer nach den Seiten zu arbeiten. Denn man muss bestrebt sein, trotz Allem in systematischer Weise von den Ligamenta cardinalia aus nach oben aufsteigend präventiv zu klemmen.

Wo die Consistenz des Gewebes es irgend noch gestattet, wird der ursprüngliche Péan'sche Operationsplan innegehalten. Gar nicht so selten aber reisst gegen den Willen des Operateurs der aus der vordern oder hintern Wand gebildete Lappen mitsammt den Muzeux's aus. Dann ist man genöthigt, sich bei der Auslösung des Organs mit kleineren Stücken des Uterusparenchyms zu begnügen. Man trägt dann nach präventiver Gefässversorgung und bilateraler Aufschneidung jedesmal den vordern wie den hintern Lappen in kleinen cubischen oder auch unregelmässig polyedrischsn

Unregelmässig zerstückelnde Verfahren bei nicht vergrössertem Uterus. 147

Partikeln ab, die man sich aus den Lappen durch verticale oder mehr schräge Schnitte bildet. Oder aber man unterlässt nach Abtrennung des betreffenden Uterusabschnittes von den präventiv geklemmten Ligamenten ganz die bilaterale Aufschneidung und zerlegt sofort diesen Gebärmuttertheil durch seine ganze Dicke hindurch in kleinere Theile von allen möglichen polyedrischen Formen. Dieses letztere von uns mehrfach geübte Verfahren wird instructiv durch die Figuren 51 und 52 erläutert.

Fig. 51.

Vaginale Radicaloperation mit unregelmässiger Zerstückelung des nicht wesentlich vergrösserten Uterus.

Die Richtung des Uteruscanals zeigt intra operationem die nach Bedarf eingeführte Sonde. Bei stark blutendem Parenchym kann man unter Umständen sogar das weiche Myometrium selbst mit Pincen provisorisch versorgen.

So kommt man, indem man jeden stärkeren Zug an den bereits angelegten Klemmen vermeidet, nach typischer Eröffnung des Bauchfells vorn und hinten zum Fundus, der in gleicher Weise entwickelt wird. Die Passage für die Adnexauslösung ist jetzt frei, und die letztere vollzieht sich nach den oben mehrfach gegebenen Vorschriften.

β) Bei vergrössertem Uterus oder bei nicht vergrössertem Uterus und enger Scheide.

Nunmehr gelangen wir zur Schilderung der Methoden, welche allein die vaginale Exstirpation des Uterus ermöglichen, sobald dieser grösser als etwa ein kleiner Kindskopf ist. Die wesentliche Indication für das Ver-

10*

Fig. 52.
Vaginale Radicaloperation mit unregelmässiger Zerstückelung des nicht wesentlich vergrösserten Uterus.

fahren ist also gegeben durch solitäre oder multiple Fibroide der Gebärmutter von Kleinkindskopfgrösse an, mit oder ohne complicirende entzündliche resp. eitrige Anhangsveränderungen, oder durch complicirende genuine Geschwulstbildungen an den Adnexen. Der myomatöse Uterus kann durch umgebende Eitersäcke in die Bauchhöhle gedrängt oder in ihnen eingemauert sein.

Die Vergrösserung der Gebärmutter im Sinne der Indication zu dieser Operation ist natürlich eine relative, d. h. sie wird durch das Raumverhältniss von Uterus und Scheidencanal gemessen. Darum wird auch da unregelmässig zerstückelt, wo ein normaler oder wenig vergrösserter Uterus bei enger Scheide vaginal herausgeschnitten werden muss, der ohne erweiternde Nebenverletzungen (Scheidendammincisionen) mit anderen zerschneidenden Methoden nicht exstirpirt werden könnte.

Nothwendige Voraussetzung für die Operationsanzeige ist natürlich, dass weniger eingreifende, conservative Verfahren nicht in Frage kommen, also der Uterus geopfert werden muss. Unter die Kategorie der erhaltenden Methoden rechnen auch die Fälle von blosser Enucleation eines Fibromyoms nach seiner vorausgegangenen Zerstückelung (morcellirende Myomectomie).

Gegenanzeigen sind zunächst Gebärmuttervergrösserungen (Fibroide), die über den Nabel reichen, zweitens rein oder wesentlich subperitoneale Entwicklung von Corpustumoren, zumal isolirte und gestielte Geschwülste. Im ersteren Falle übt man die Hysteromyomectomia abdominalis, resp. abdomino-vaginalis[1]), im zweiten Falle einfache abdominale Abtragung oder Enucleation oder aber abdominale Totalexstirpation; letztere dann, wenn ein conservatives Vorgehen unmöglich ist und die Distanz der Geschwulstmasse vom Scheidengewölbe eine so grosse ist, dass kein Segment derselben in dessen Bereich heruntergedrückt oder -gezogen werden kann.

Bei jeder dieser zerstückelnden Methoden zieht sich durch die ganze Operation nur die eine Idee hindurch, sich nicht in regelmässiger Weise an mathematische Linien zu binden, sondern einfach in der bequemsten und ungefährlichsten Weise die Verkleinerung der ganzen Masse vorzunehmen, ganz wie es der Fall will. Uterus und Myome bilden für die Zerstückelung einen einheitlichen Block. Stets müssen die herauszunehmenden Einzelstücke den natürlichen Raumverhältnissen des Geburtscanals angepasst werden, derart, dass man jede erweiternde Nebenverletzung vermeidet. Die Grösse der zu bildenden Partikel ist also direct abhängig von der Scheidenweite.

Von einschneidender Bedeutung für dieses Verfahren sind die Muzeux's. Den Greifzangen kommt hier in ganz besonderer Weise die schon oft erwähnte Doppelrolle zu, die Blutstillung durch Zug und Druck

---

[1]) L. Landau, Centralbl. f. Gynäkol. No. 46. S. 1228. 1895.

zu bewirken. Ausserdem aber haben sie die herauszuschneidenden Stücke wie die zurückbleibenden Wundränder zu fixiren. Leicht könnte sich sonst ein Wundlappen zurückziehen und durch das Zurückschlüpfen bei mangelnder Compression zu gefährlichen Blutungen Veranlassung geben. Während die Muzeux's das alte Operationsfeld festhalten, umgrenzen sie ferner damit zugleich die Basis für das neue Operationsterrain.

Es erscheint von vornherein gleichgiltig, welcher Instrumente man sich zur Verkleinerung des Uterus resp. der Uterusgeschwülste bedient, ob man mit dem Schlingenschnürer operirt, mit dem Ecraseur oder mit Scheere und Messer. Wir selbst bedienen uns langer Scheeren und Messer und zwar sowohl gerader, wie über die Fläche gebogener Instrumente.

Die Schwierigkeit, die Gruppen des Morcellements — denn trotz der unregelmässigen Art der Zerstückelung bedingen grosse durchgehende Gesichtspunkte doch in sich geschlossene und von einander verschiedene Morcellirungsverfahren — in schematischer Weise zu schildern, liegt offenbar in den zahllosen Verschiedenheiten in Art, Zahl, Grösse und Localisation der Myome. Es giebt in dieser Hinsicht so viel verschiedene Arten der Zerstückelung als anatomisch-differente Präparate, d. h. also unzählige. Mancher, der selbst eine Reihe derartiger Morcellement-Operationen gesehen hat, wird zu der Anschauung gedrängt, dass er nicht viel Anderes sieht, als ein blosses Zufassen, Schneiden, Fassen mit Muzeux's, Wiederschneiden u. s. w., genug, eine bunte Willkür, die an bestimmte Regeln sich nicht bindet. Und doch wäre eine derartige Ansicht eine durchaus irrige. Thatsächlich wir man bei einem blossen planlosen Herumprobiren und Herumschneiden schwer zum Ziele kommen, vielmehr giebt es, wie eben gesagt, auch hier ganz bestimmt vorgezeichnete Wege, die man gehen muss, bestimmte Methoden, die in ihren grossen Zügen sich wohl von einander unterscheiden, wenn sie auch oft genug zweckmässiger Weise combinirt werden.

Eintheilung und Arten der unregelmässig zerstückelnden Verfahren beim vergrösserten Uterus.

Man erhält, wenn man die Art der Blutstillung als Eintheilungsprincip wählen will, drei grosse Gruppen: mit präventiver oder mit consecutiver Blutstillung oder mit einer gemischten Art derselben. Ueber das Verhältniss von Morcellement und Blutstillung verweisen wir auf das oben (S. 53 ff.) Gesagte. Wir haben dort bereits hervorgehoben, dass Morcellement und präventive Blutstillung ebensowenig in gebundener Wechselbeziehung stehen, wie Morcellement und Klemmen. Wo irgend möglich, befolgen wir auch bei diesen zerstückelnden Operationen den Weg der consecutiven Gefässversorgung, d. h. wir dringen direct in das Centrum der auszuschneidenden

Theile vor, indem wir die gefässführende Peripherie der Geschwülste sowohl wie die Seitentheile der Gebärmutter überhaupt vermeiden. Ohne Blutstillung zunächst geeignete Stücke zu extrabiren und die verkleinerten Theile primär zu entwickeln und zu stielen, ist auch hier das leitende Ziel, während die Blutstillung erst diesen Bemühungen folgt, also in zweiter Linie steht.

In einer zweiten Gruppe von Fällen muss präventiv geklemmt werden. Es sind das diejenigen, in denen der myomatöse Uterus durch die Geschwulst selbst oder perimetritische Adhaesionen oder indirect durch Anhangserkrankungen fixirt ist, und in denen die Fixation, wie viel man auch von den unterhalb gelegenen Theilen mit präventiver Versorgung wegnehmen mag, bis zum Ende der Gebärmutterausrottung unverändert bestehen bleibt.

So selten derartige Fälle sind, die vom Princip der primären Blutstillung bis zum Schluss der Operation beherrscht werden, so häufig sind diejenigen mit gemischter Art der Blutstillung, in denen bis zu einem gewissen Zeitpunkt präventiv geklemmt werden muss, dann aber die Theile beweglich werden und primär entwickelt werden können. Derartige particellpräventive Gefässversorgung kommt zur Anwendung, wenn nach Entfernung des normalen oder myomatösen Collums die Fixation allmählich durch Lösung von Adhäsionen, durch weitere Zerstückelung etc. aufgehoben werden kann, wenn beispielsweise nach Abtragung der Cervix ein grosses Myom des Körpers so weit verkleinert werden kann, dass der nunmehr in seinem Volumen verringerte Fundus für die Entwicklung durch die Scheide klein genug geworden ist.

Zuweilen muss übrigens die Operation sofort mit der Zerkleinerung begonnen werden: da nämlich, wo es sich um cervicale Geschwülste, grosse ante- oder retrocervicale oder seitlich dem Mutterhals aufsitzende Tumoren handelt, oder um submucöse Fibroide, die mit einem Segment in den Halscanal geboren sind und diesen breit auseinanderdrängen. —

Die zerstückelnden Massnahmen selbst gestatten nun innerhalb jeder der drei grossen Operationsgruppen mit präventiver, consecutiver oder gemischter Blutstillung eine weitere Abtheilung je in zwei Unterarten: in die Zerkleinerung 1) durch centripetale keilförmige Abtragung, oder 2) durch centrifugale Aushöhlung. Im ersteren Falle werden von der Peripherie der Masse aus nach dem Centrum zu keilförmige Stücke aus dem Parenchym ausgeschnitten. Im zweiten Falle wird der Tumor von innen heraus ausgebohrt und ausgehöhlt; hier wird im eigentlichen Sinne des Wortes das Évidement central conoïde geübt. Als Abzweigung dieses zweiten Verkleinerungsweges rechnet die Enucleation eines unzertheilten oder bereits nach einem der beiden Verfahren zerkleinerten Fibroids. Ganz selbstverständlich wird man zu dieser letzten Art der Verkleinerung der Gebär mutter, wo nur möglich, greifen, wie man natürlich auch bei der Verkleinerung selbst stets möglichst grosse Stücke auszuschneiden bestrebt sein wird.

Die centripetal verkleinernde Methode ist im Grunde genommen nichts Anderes, als eine modificirte Zerstückelung nach der oben ausführlich geschilderten Art der Scheiben-, V- oder Y-Schnitte.

Grösse und Sitz der Geschwulst gestatten nicht eine regelmässige, sich typisch wiederholende Schnittführung mit Bildung regelmässiger Körper. Vielmehr wird hier in irregulärer Art ein Keil neben dem anderen, einer verschieden vom anderen, mit der langen Scheere oder den langen Messern herausgeholt, bis endlich die Verkleinerung der ganzen Masse den für die Entwickelung erwünschten Grad erreicht. Wie bei jener regelmässig zerstückelnden Methode aber wird auch hier von der freigelegten Oberfläche der Geschwulst resp. des Uterus aus auf diese Theile eingeschnitten, wenn auch hier nicht immer durch die ganze Dicke des Tumors und des Myometriums hindurch.

Ob an der vorderen oder hinteren Wand, oder den Seiten des Uterus verkleinert wird, ob man vom Bauchfell her direct auf den Tumor losgeht, oder an seine Peripherie durch vorgängige Spaltung des Myometriums oder der Schleimhaut herankommt, also im letzteren Falle vom Cavum her, von der Mucosa aus vordringt, ergiebt sich allein aus dem Situs.

Die Technik des centripetal verkleinernden Verfahrens ist die, dass von der für das Gesichtsfeld blossgelegten, von allen Verbindungen mit Nachbarorganen befreiten Peripherie aus mit der langen Scheere oder dem Messer ein Keil herausgeschnitten wird (Fig. 53). Die Schnittränder werden unmittelbar nach dem Schnitt mit Muzeux's gefasst, so dass jede Gefahr, den Stumpf durch Zurückschlüpfen zu verlieren, ausgeschlossen ist. Geht man von der Serosa aus vor, so hat man gleichzeitig die Möglichkeit, von dem durch die Muzeux's gehaltenen Punkt aus anhaftende Spangen oder sonstige Verbindungen mit Nachbartheilen zu lösen. Die gepackten Wundlippen werden nach unten gezogen, ein neuer Geschwulstabschnitt unter Hilfe höher angesetzter Muzeux's in das Scheidenloch eingestellt, und nun wird in analoger Weise weiter unter Bildung von keilförmigen Stücken oder auch kegelförmigen oder kalottenartigen Segmenten zerkleinert, der Stumpf für den Scheidendurchgang passrecht gemacht.

Im Gegensatz zu dieser Verkleinerungsart, die von der Peripherie der Geschwulst vordringt, setzt die zweite, das Évidement central conoïde in unserm Sinne, in den centralen Particeen des Tumors ein. Sie schafft einen Krater, der unter fortschreitender Vergrösserung die peripherischen Theile unterminirt und diese schliesslich zum Collabiren bringt. Das ganze Organ wird in gewissen Fällen nach Ausräumung der innern Teile im Endeffect wie der exenterirte Körper des Fötus zu einem schlaffen compressiblen beweglichen Sack. Die Mündung des auszubohrenden Trichters sieht naturgemäss nach der Peripherie, und insofern müssen auch hier natürlich die ersten verkleinernden Schnitte in der Geschwulstperipherie einsetzen.

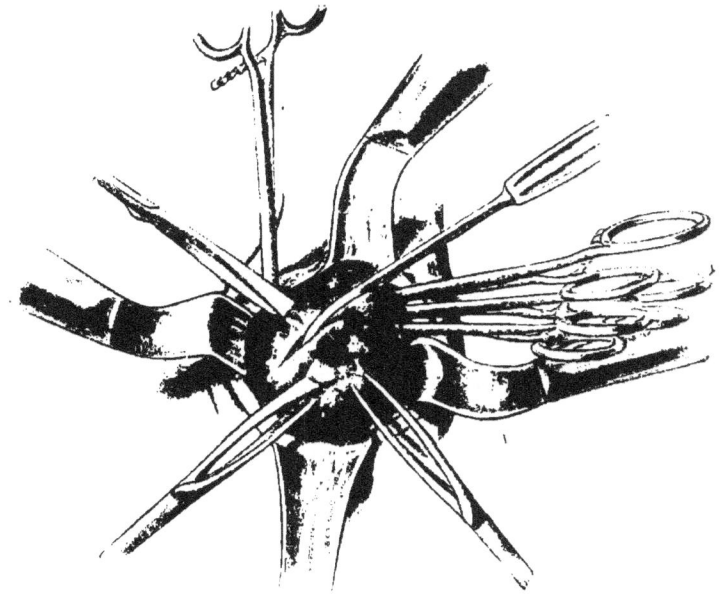

Fig. 53.

Centripetales Morcellement eines Fibroids des Uteruskörpers. Cervix links vom Ligamentum latum abgeschnitten. Hier liegen drei Präventivklemmen.

Somit gestaltet sich im Einzelnen das Vorgehen bei der centrifugalen Aushöhlung so, dass man beginnt, die Basis eines mit der Spitze nach der Geschwulstmitte gerichteten Hohlkegels zu bilden, wobei im Umfange der kreisförmigen Schnittlinie Muzeux's eingehakt werden. Dann greifen ein oder zwei Muzeux's in das Loch und ein weiterer Abschnitt des Gewebes wird nach der Mitte der Masse hin herausgeschnitten. Die Muzeux's greifen von Neuem tiefer, neue Partien gelangen ins Gesichtsfeld und entsprechend werden mit der langen Schere und dem langen Messer immer weitere Pyramiden oder Kegel ausgebohrt, Buchten, Canäle angelegt und mit einander vereinigt. Ein Stück Muskelgewebe nach dem andern wird intraparenchymatös und subperitoneal herausgeholt.

Wie gross man die Pyramiden, Kegel, Flötze, Blöcke macht, hängt natürlich ganz von der Dicke des Uterusgewebes ab.

Ist man erst an den Uterushörnern angelangt, so bilden diese wiederum den Ausgangspunkt der Lösung und Stielung der Adnexe.

Von einzelnen Operateuren werden für die Bohrung und Aushöhlung trepanartige Instrumente verschiedener Construction angewandt.

Dass sich centripetale und centrifugale Art der Verkleinerung häufig combiniren werden, liegt auf der Hand. Gar nicht so selten gelingt es nach centraler Ausräumung, durch Zug an den Muzeux's den mehr oder weniger grossen Fundus etwas nach vorn zu bringen. Um ihn ganz aus der Scheide zu luxiren, ist es dann nöthig, von seiner blossliegenden Peripherie aus einige Keile herauszuschneiden, also in die centripetale Methode der unregelmässigen Zerstückelung überzuspringen.

Vermeidung der Nebenverletzungen und der Blutung beim Morcellement.

Die Hauptgefahren bei jeder dieser zerstückelnden Methoden liegen in Nebenverletzungen und Blutungen.

In ersterer Beziehung muss man sich an die generelle Regel halten, womöglich vor Beginn jeder Zerstückelung Blase und Ureteren vom untern Uterusabschnitt vollkommen zu trennen, und wo sich bei diesem Bemühen Schwierigkeiten ergeben, auf das Allersorgfältigste Blase und Darm durch Ecarteure zu decken. Erst nach der Eröffnung des Peritoneums kann diese Sorge mehr in den Hintergrund treten. Freilich ist dieser Zeitpunkt mit den überaus wechselnden Verhältnissen der einzelnen Fälle ein überaus wechselnder. Die Art der Eröffnung speciell des hintern Douglas unterliegt je nach den anatomischen Verhältnissen den oben gegebenen Regeln (s. o. S. 126). Es passirt auch hier, dass die Durchdringung desselben einen der letzten, ja, selbst den letzten Operationsact darstellt.

Die grossen Gefahren einer Nebenverletzung der Harnorgane bei fehlender — aufgefressener, atrophischer oder abgeschnittener — Portio können hier durch Myome im untersten Uterusabschnitt, welche Ureteren und Blase dislociren, noch erhöht werden. Dass es zweckmässig und noch am wenigsten gefährlich ist, in solcher Lage sich zunächst wesentlich an der Hinterwand des Organs zu halten, darauf ist bereits oben mehrfach hingewiesen. Immerhin können bei fehlender Portio derartig ungünstige Verhältnisse gerade bezüglich der Nebenverletzungen bestehen, dass man allein aus diesem Grund gelegentlich auf eine vaginale oder rein vaginale Operation verzichten muss.

Die Gefährdung der Nachbarorgane durch Fibroide wird übrigens treffend durch einen jüngst von Fabricius veröffentlichten Fall Chrobak's[1] illustrirt,

---

[1] Fabricius, Ueber Myome und Fibrome des Uterus etc. Wien. Braumüller. 1895.

der bei der Operation eines Myoms, das in der hinteren Uteruswand und zwar in der Cervix sass, den linken Ureter in den Tumor hinein verfolgen und auf eine Strecke von 7 cm vollständig freilegen musste.

Die Gefahr einer Blutung kann nur in dem Falle eintreten, dass man entweder zu nahe an die Seitenpartien des Organs und damit an die grossen Gefässe der Ligamente herangeht, oder versäumt, beim Morcelliren den Stumpf vor dem Zurückschlüpfen zu behüten. Die Muzeux's erfüllen hier, wie oben bemerkt, ihre bedeutsame Function der Blutstillung durch Zug und Druck in ausgezeichnetem Maasse, und darum ist man vor Blutungen solange geschützt, wie man den Uterus am Zügel hat. Für die Zerstückelung gilt mithin als Regel, jedesmal vor der Abtragung des auszuschneidenden Stückes sich der Wundlippen durch Greifzangen zu versichern. Kann man dabei an Ort und Stelle einen Muzeux nicht anbringen, so sucht man an neuem Terrain oberhalb sich einzukrallen und hier sichere Haftflächen zu gewinnen.

C. Gemischte Verfahren.

Die im Vorstehenden gegebene Eintheilung der vaginalen Radicaloperation nach verschiedenen Methoden ist keine schematisch-doctrinäre. Sie gründet sich vielmehr auf unsere practischen Erfahrungen bei über 370 Operationen. Wer jede der oben geschilderten Methoden beherrscht, wird in jedem Falle einer vaginalen Exstirpation der technischen Schwierigkeiten Herr werden. Natürlich wird man gelegentlich von all' den verschiedenen Arten der Ausschneidung Combinationen anwenden müssen, also zu gemischten Verfahren übergehen. Auch hier bleibt stets die Tendenz leitend, mit präventiver Blutstillung und secundärer Entwicklung der Theile nur unter dem Zwange zu arbeiten, sonst aber stets unter Hülfe des Gesichtssinnes sich Stiele für die consecutive Versorgung zu bilden.

Im Besonderen haben wir zuweilen zuerst die Cervix unter präventiver Gefässversorgung — unzertheilt oder vorn aufgeschnitten oder median total gespalten — geopfert und dann, als der Stumpf nach Beseitigung der hier wesentlich pericervicalen Fixation nunmehr mobiler wurde, den Gebärmutterkörper mitsammt den Anhängen entweder im Ganzen oder eröffnend, nach medianer Totalspaltung oder mit Y-Schnitten verkleinernd entwickelt. Ferner haben wir gelegentlich nach medianer Totalspaltung des Uterus die eine Gebärmutterhälfte sammt ihren Anhängen nach vorn, die andere nach hinten entwickelt.

Fig. 54 zeigt die nach einem gemischten Verfahren entfernten innern Genitalien: präventive Versorgung der Cervix, Eröffnung an der vordern Wand. Abtragung des Mutterhalses. Danach totale Medianspaltung des Corpus uteri.

156 Die Technik der vaginalen Radicaloperation.

Fig. 54.
Vaginale Radicaloperation nach gemischtem Verfahren (s. Text, S. 155).

Gemischte Exstirpationsverfahren in einem andern Sinne sind diejenigen, bei denen es sich nicht um Combination verschiedener Arten vaginaler Ausrottung, sondern um Verbindung vaginaler und ventraler Exstirpationsmethoden handelt. Die abdominale Laparotomie wird entweder — wie oben hervorgehoben — zur radicalen Gestaltung der vaginal unvollkommenen Exstirpation angeschlossen, oder aber sie geht der vaginalen Ausschneidung der innern Genitalien voraus: vagino-abdominale oder abdomino-vaginale Radicaloperation.

In letzterer Hinsicht wird mit dem Schnitt in der Linea alba freilich nicht in Verfolgung technischer, sondern diagnostischer Zwecke (ob maligne disseminirte Neubildung, Doppelbildung etc. vorliegt) begonnen. Ist der Leib von den Bauchdecken aus eröffnet und ergiebt sich nunmehr die Indication für eine vaginale Radicaloperation, so kann man sich die primäre ventrale Incision insofern zu Nutze machen, als man z. B. adhäsive Verbindungen des Uterus und seiner Anhänge unter directer Inspection löst und damit die innern Genitalien für die vaginale Exstirpation beweglicher macht.

Man kann, wenn man die Anhänge — Pyosalpingen, Ovarialabscesse etc. — ausgeschält und befreit hat, sogar unbeschadet der bereits intendirten und unmittelbar folgenden vaginalen Exstirpation, die ganzen veränderten Anhänge wie bei einer primären ventralen Laparotomie abbinden und entfernen. Unter Umständen wird dadurch die vaginale Hysterectomie zu einer technisch leichteren.

In dem durch Figur 55 illustrirten Fall wurde bei der Annahme einer grossen ein-(rechts)seitigen vereiterten Eierstockscyste, die wesentlich vor dem Uterus gegen die vordere Bauchwand hin entwickelt war, zur Exstirpation der Geschwulst mit dem Schnitt in der Linea alba begonnen. Man erkennt den Tumor als gigantischen Tuboovarialabscess und sieht eine ausgebreitete Pachypelviperitonitis mit Pachypyosalpingitis der andern (linken) Seite. Darum wird die vaginale Radicaloperation beschlossen. Bei den Bemühungen, die rechtsseitige cystische Geschwulst sichtbar zu machen, war dieselbe aus ihrer Umgebung grösstentheils gelöst und wird vollkommen ausgeschält und abgetragen. Schluss der Bauchhöhle und vaginale Exstirpation der andern Seite und des Uterus, der sich jetzt (s. Fig. 55) in toto entfernen lässt. Bei primärer vaginaler Radicaloperation hätte in diesem Falle ein complicirteres Verfahren (eröffnende, zerstückelnde Methode) zur Anwendung gelangen müssen.

Nachbehandlung.

Die Maassnahmen, welche der Beendigung jeder vaginalen Radicaloperation bis zur Lagerung der Kranken im Bette folgen, sind oben bereits geschildert. Wärmflaschen haben das Bett vorgewärmt. Bei ausnahmsweise langdauernden Operationen, namentlich an ausgebluteten Individuen (Myome,

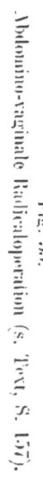

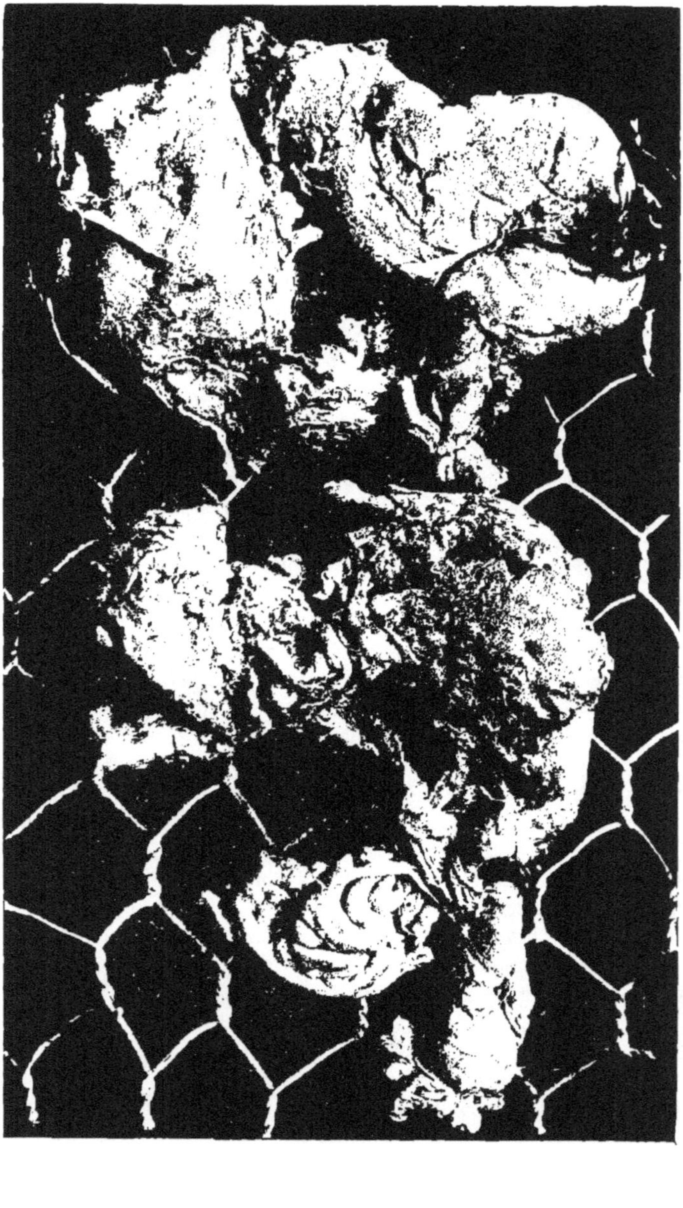

Fig. 55.
Abdomino-vaginale Radicaloperation (s. Text, S. 157).

Carcinome) wenden wir Reizmittel der üblichen Art an: einige Aethercampherspritzen oder Hypodermoclysen oder Rectaleingiessungen mit physiologischer Kochsalzlösung, oder heissen Thee und heissen Caffee in kleinen Dosen, Cognac.

Sonst wird bis etwa 5 Stunden post operationem den Kranken Nichts verabreicht; nur zum Mundspülen ein wenig Wasser. Gegen das Durst- und Uebelkeitsgefühl wird zweckmässig ein in verdünnten Essig getauchtes Läppchen vor den Mund gelegt. Nach ca. 5 Stunden erhalten die Operirten schluckweise abgekühlten Caffee. Bei starkem Durstgefühl oder Brechreiz kleine Eisstückchen.

Bei verständigen Patienten haben wir es oft durchgesetzt, dass sie in den ersten 24 Stunden überhaupt Nichts schluckten, mit der gewiss erwünschten Wirkung, dass dann gewöhnlich überhaupt nicht erbrochen wurde.

Erbrechen tritt relativ selten unmittelbar nach der Operation auf; in vielen Fällen überhaupt nicht; im übrigen aber sowohl am ersten als auch am zweiten Tage, vielleicht als einfache Nachwirkung der Aethernarcose.

Wird die 24stündige Abstinenz nicht eingehalten, so kann man in der Nacht vom ersten zum zweiten Tage etwas Wasser mit Rothwein geben, am zweiten Tag früh zum Caffee ein wenig Milch. Weiterhin lassen wir am zweiten Tag zum Frühstück und Mittag auch Haferschleim reichen, Nachmittags wieder Caffee mit Milchzusatz, Abends bereits ein wenig Milchsuppe. Von Alkoholicis: Rothwein, Champagner, Cognac, nehmen wir in der Regel, ausser bei herabgekommenen und geschwächten Individuen, Abstand. Am dritten Tage die nämliche Diät.

Es gehört zum regulären Verlauf, dass während des dritten Tages sich Drang zu Blähungen, Kollern und Schmerzen im Leibe einstellen. Kümmelthee oder Baldrian- und Pfefferminzthee befördern den Abgang der Flatus, der allermeist am Abend des dritten Tages oder in der Nacht zum vierten in Gang kommt. Wohlthuend wirken bei dem meteoristischen Spannungsschmerz auch heisse oder kühle hydropathische Umschläge oder die Eisblase auf den Leib, je nach dem individuellen Behagen.

Am vierten Tage Diät wie an den beiden vorangegangenen; bei besonders gutem Allgemeinbefinden gestatten wir eingeweichtes Biscuit oder Zwieback. Mittags des fünften Tages Bouillon, eventuell wiederum Zwieback, am sechsten Tage das Gleiche.

Besteht starkes Drängen zum Stuhl, der zuweilen bereits am fünften oder sechsten Tage spontan erfolgt, geben wir eine Mastdarmeingiessung mit lauem Wasser. Unter allen Umständen erhält die Patientin aber am Morgen des siebenten Tages zwei Esslöffel Oleum Ricini in heissem Caffee oder Bierschaum. Die Entleerungen werden durch Einläufe unterstützt. Auch im weiteren Genesungsverlauf wird für regelmässige Stuhlentleerung Sorge getragen.

Vom siebenten Tage ab erhalten die Reconvalescenten die gewöhnliche, ·leicht verdauliche Kost: Caffee, Milch, Bouillon, Haferschleim, Weissbrod, Zwieback, Schabefleisch, Geflügel, Kalbsmilch, Kalbshirn, Fisch, geschmortes Obst, gequetschte Kartoffeln u. dergl.

Das Erbrechen, wo es überhaupt auftritt, pflegt mit dem Abgang der Blähungen, also etwa vom dritten zum vierten Tage zu cessiren.

Zuweilen bilden sich aber am dritten bis vierten Tage unter Erbrechen, Auftreibung des Leibes, Kolikschmerzen und frequentem Puls, fehlendem Abgang von Blähungen die alarmirenden Erscheinungen eines „Ileus" heraus. Es genügt in gewissen Fällen, jetzt die Gazestreifen aus der Scheide zu ziehen, um die stürmischen Erscheinungen zu coupiren. In anderen Fällen stellt sich die gestörte Darmpassage nach Klysmen oder hohen Eingiessungen her. Gegen das Erbrechen, auch gegen hartnäckige Hyperemesis, leistete uns eine oder eine wiederholte Magenausspülung mit lauwarmem Wasser sehr schätzbare Dienste. Trotz der an sich wenig angenehmen Manipulation fühlten sich die Kranken danach regelmässig sehr erleichtert, so dass sie selbst zuweilen eine Wiederholung wünschten.

Einige Male wurden bei hartnäckigem Erbrechen am vierten oder fünften Tage feste Nahrung, Zwieback und Biscuits, von dem Magen der Kranken behalten, Flüssiges erbrochen.

Bei diesem Pseudoileus handelt es sich wohl um lockere frische Verklebungen und Abknickungen von Darmtheilen im Bereiche des Wundtrichters, welche durch Wasserfüllung .des Dickdarms (Klysmen) oder die Peristaltik sich wieder lösen.

Dass auch im späteren Verlauf durch Diätfehler Erbrechen leichter hervorgerufen wie beseitigt wird, ist wie bei jeder Reconvalescenz post operationem erklärlich. Alles in Allem ist jedenfalls gegenüber der Reconvalescenz nach abdominalen Laparotomien wegen entzündlicher Affectionen der Complex der vom Darmtractus ausgehenden Unbehaglichkeiten immerhin ein geringerer, wie überhaupt der ganze Gesundungsvorgang rapider abläuft. Es fehlt insbesondere auch der Shok post operationem. Haben die Operirten das erste Mal abgeführt, so ist es oft schwierig, sie noch länger im Bett zu halten.

Die zwar nicht bei jeder, aber doch bei den meisten Operirten auftretenden Schmerzen werden mit Morphiumeinspritzungen bekämpft. Wir geben eine Morphiuminjection von 0,01, wenn die Patientin aus der Narkose erwacht und über Schmerzen klagt. Im Weiterverlauf geben wir Morphiumspritzen ganz nach Bedarf, und kommen gewöhnlich mit 0,03 in 24 Stunden aus. Zweckmässig ist es, statt einer Gabe von 0,015 am Abend die Dosis für die Nacht auf zwei Portionen zu 0,008 zu vertheilen. Des Morphiums bedürfen wir kaum je länger als ein oder zwei Tage. Wegen der Schmerzen post operationem die ganze Klemmmethode als eine

„Folter" zu verdammen, ist Nichts als ein „Roman", wie Richelot[1]) mit Recht bemerkt: „C'est faire un véritable roman que de décrire comme un supplice l'opération nouvelle."

Katheterisirt wird, so lange die Pincen liegen, sei es, dass der Dauerkatheter bis zur Abnahme der Klemmen liegen bleibt, sei es, dass man sich eines langen Metallkatheters in Zwischenräumen von sechs Stunden bedient. Manche Kranken haben uns dadurch überrascht, dass sie schon in den ersten 24 Stunden spontan uriniren konnten. Wenn wir principiell den Urin, solange Instrumente liegen, abnehmen, so geschieht es vor Allem, um Zerrungen und Bewegungen der Klemmen zu verhüten, die mit der Hebung des Beckens beim Unterschieben des Recipienten verknüpft sind. In den allerseltensten Fällen ist es noch nöthig, nach Abnahme der Klemmen ein oder zwei Tage weiter zu katheterisiren.

Abweichend von dem Verfahren wohl aller anderen Operateure nehmen wir die Klemmen bereits nach 22 bis 24 Stunden ab. Wir schieben, wie oben angeführt, unsere Klemmen alle von unten nach oben und zwar an jedem Ligamentum latum mehrere vor. Wendet man eine lange Klemme für die ganze Breite des Ligamentes an und schiebt insbesondere dieselbe von oben nach unten vor, so ist die Abnahme nach so kurzer Zeit gefährlich, weil diese Klemmen weniger durch den — vielleicht nicht einmal in allen Theilen gleichmässigen — Druck, als durch Torsion blutstillend wirken und bei der Abnahme letztere plötzlich schwindet, also Thromben beim Zurückschnellen der Stümpfe sich wieder lockern können.

Von dem ursprünglichen Verfahren, die Klemmen 48 Stunden liegen zu lassen, sind wir wesentlich darum abgegangen, weil wir unsere Furcht vor Blutungen als unbegründet erfanden: wir haben bei unserer Art der Application der Instrumente und Abnahme derselben schon nach 24 Stunden nennenswerthe Blutungen nicht beobachtet. Stellte sich in seltenen Fällen ein leichtes Blutsickern aus der Vulva ein, so genügte zur Blutstillung meist Vorlegen eines Wattebausches vor die Rima. Bestand trotzdem die Hämorrhagie weiter, so war es in ganz seltenen Fällen nothwendig, die Mullstreifen aus der Scheide herauszuziehen und auf dem Querbett von Neuem die blutende Stelle blosszulegen und zu klemmen. Es handelte sich dann um parenchymatöse Blutungen aus der hintern Scheidenwand resp. dem paracervicalen Venenplexus. Nach der erneuten Klemmung werden Gazestreifen wieder eingeführt, die Klemmen nach weiteren 24 Stunden entfernt.

Vor einer blossen Mulltamponade möchten wir warnen: sie kann die äussere Blutung in eine interne, unsichtbare verwandeln.

---

[1]) L. G. Richelot, Manuel opératoire de l'hystérectomie vaginale. Arch. général. de médicin, Juin et juillet 1893. Extrait S. 5.

Die Abnahme der Instrumente geschieht im Bett. Die Lage der Kranken wird dazu nur insoweit geändert, als die Oberschenkel leise angehoben und gespreizt werden. Der die Klemmen Abnehmende steht zur rechten Seite der Patientin und fasst mit dem linken Arm unter dem rechten Knie der Patientin die Instrumente von unten, sie sanft anhebend. Dann wird mit der rechten Hand zwischen den Knieen der Patientin das Schloss jeder Klemme vorsichtig gelockert, einige Secunden zugewartet, um event. wieder klemmen zu können, und dann das Instrument unter vorsichtig rotirender Bewegung herausgezogen.

Bei der Entfernung der Klemmen wird nicht selten einer der seitlichen Mullstreifen mit herausgezogen. Bezüglich der übrigen, zumal des centralen Bausches, verhalten wir uns nach vielfachem Probiren so, dass wir sie bis zum Abend des 5. Tages alle in situ belassen. Nur bei ileusartigen Erscheinungen haben wir sie schon am 4. oder selbst am 3. Tage herausgezogen (s. o.).

Ob der Nutzen der Gazestreifen als Drainagemittel für eine Reihe von Tagen thatsächlich ein wesentlicher ist, steht noch dahin, und darum halten wir es wohl für möglich, dass man in kleinen Einzelheiten von diesen Terminen ohne Schaden für die Patientin wird abweichen können: die wesentliche Bedeutung der Gaze besteht vielleicht darin, als Irritament für die Abkapselung des ganzen Wundbereiches zu wirken, die sich rapide vollziehen muss. Denn z. B. Doyen, der in gewissen Fällen bereits nach 24 Stunden sämmtliche Streifen entfernt, hat nicht minder gute Resultate als z. B. Richelot, der Wattebäusche 7—8 Tage, mindestens aber 5—6 Tage, in der Scheide belässt.

Sehr selten haben wir beim Herausziehen fest eingebackener Streifen sofort oder auch nach einigen Stunden eine Blutung gesehen; sie wird durch Einschieben eines neues Streifens gestillt. Die Umwandlung in eine innere Hämorrhagie ist jetzt nicht mehr zu fürchten, da am 5. Tage die Bauchhöhle sich bereits geschlossen hat. Kalte Irrigationen als Stypticum halten wir für zeitraubend und überflüssig. Liquor ferri sesquichlorati perhorresciren wir hier wie überall.

Durch Temperaturelevationen in den ersten Tagen werden wir zu einer frühzeitigen Entfernung der Gazestreifen nicht veranlasst. Abendtemperaturen bis einige Zehntel über 38^0 sind in der ersten Woche die Regel. Bei ganz glatten Fällen sieht man sogar zuweilen Temperaturen bis 39^0, und erst vom 7. Tage pflegt die Curve der Norm zu entsprechen.

Die Temperaturelevationen namentlich am 4.—6. Tage bis 39^0 sind der Ausdruck der Demarcation der Schorfe, und mit dieser Annahme stimmt das gute Allgemeinbefinden der Operirten überein.

Man hat die Temperatursteigerung auch auf die Stuhlretention bezogen, und manche Operateure, z. B. Segond, sorgen bereits am Abend des dritten Tages, wenige Stunden nach Abnahme der Klemmen, durch ein Glycerinklystier für Stuhl. Wir weisen demgegenüber darauf hin, dass bei uns die Apyrexie vor der ersten Stuhlentleerung häufig bereits erfolgt ist. Bedrohliche Temperaturanstiege bis auf 40° mit gestörtem Allgemeinbefinden in der ersten Woche haben wir nie beobachtet, wohl deswegen, weil wir bei unsern Radicaloperationen Höhlen und Buchten, in denen es leicht zur Secret- und Eiterverhaltung kommen könnte, nicht zurückzulassen pflegen.

Darum sind für uns alle die Encheiresen gegenstandslos, die, von Anderen in den ersten Tagen empfohlen und geübt, der Secretstauung und dem „Eiterfieber" vorbeugen sollen. Lafourcade untersucht in solchen Fällen mit dem Fergusson'schen Röhrenspiegel und extrahirt Schorfe mit Hilfe des Gesichtssinnes (l. c. S. 54) oder wendet beim Abgang grösserer gangränöser Fetzen eine erneute secundäre Drainage mit Jodoformgaze an (S. 53). Wir selbst thun Nichts, als dass wir 24 Stunden nach Entfernung des letzten (centralen) Streifens, also gewöhnlich am Abend des 6. Tages, mit Scheidenausspülungen von lauwarmem, sterilem Wasser unter geringem Druck beginnen, die wir späterhin einmal täglich, bei starkem Ausfluss auch zweimal täglich fortsetzen. Ohne eigene Erfahrungen möchten wir uns doch ausdrücklich der Warnung derer anschliessen, die betonen, Ausspülungen nicht allzu früh, etwa gar unmittelbar nach Entfernung der Streifen und unter zu starkem Druck vorzunehmen. Starke locale peritonitische Reizungen, ja, selbst Syncope (Segond) sind bei derartigem Vorgehen beobachtet worden.

Der Ausfluss ist in der Regel besonders reichlich vom 8.—12. Tag, übelriechend und schmutzig gefärbt. In dieser Zeit sind dem Ausfluss oder der Spülflüssigkeit die nunmehr abgestossenen, nekrotischen Gewebsfetzen beigemischt.

Etwa am 14. oder 16. Tag läuft bei einer grossen Zahl von Operirten die Spülflüssigkeit bereits klar wieder ab; kurz darauf versiegen die letzten Spuren von Ausfluss. In anderen Fällen besteht katarrhalische Secretion noch vier bis acht Wochen. Wo unvollkommen operirt werden muss, wo namentlich bei complicirten Beckenabscessen Pyosalpinxtheile oder Abscessbuchten zurückbleiben, muss der Ausfluss freilich so lange bestehen, bis diese secernirenden Höhlen und Fistelgänge zur Verödung gebracht sind. Bis zu diesem Zeitpunkt können in der That noch Monate vergehen. Immerhin aber bildet diese kleine Unannehmlichkeit nur eine schwache Erinnerung an die durch die Operation behobenen schweren objectiven und subjectiven Störungen.

Wenn wir auch nicht durch Aspect im Speculum Gelegenheit gehabt haben, den Heilungsmechanismus der Wunde im Scheidengrund direct zu beobachten, so dürfen wir nichts destoweniger behaupten, dass die Verklebung, der Abschluss gegen die Peritonealhöhle und die Ausschaltung des Wundgebietes von dieser sich in wenigen Tagen vollziehen muss. Untersuchten wir gelegentlich einmal am 7. oder 8. Tage digital, so fand der Finger die Scheide vollkommen abgeschlossen durch leicht unebenes, weiches Granulationsgewebe mit wenig indurirter Umgebung. Exploriren wir die Genesene bei ihrer Entlassung, also etwa am Ende der dritten Woche post operationem, so finden wir in dem kuppelförmig geschlossenen Scheidenrohr als Abschluss eine weiche, lineare, von leichten, ihr sternförmig zustrebenden Falten umzogene Narbe. Naturgemäss wird sie im Weiterverlauf hart und fest, oft als Narbe schwer differenzirbar. Sexuelle Abstinenz zur Schonung der frischen Narbe empfehlen wir für die ersten 8 Wochen.

Abweichend von dem beschriebenen, klassischen Ablauf der Genesung kommt es ganz ausnahmsweise vor, dass die Reconvalescenten noch am Ende der ersten Woche zeitweise oder andauernd über Schmerzen im Leibe klagen und fiebern. Wir haben diese unerwünschte Complication in einigen wenigen der Fälle beobachtet, wo wir unvollkommen operiren und secernirende Buchten (Pyosalpinxtheile?) zurücklassen mussten. Dann gingen wir aus unserer sonstigen Passivität in der Nachbehandlungsperiode heraus und versuchten — mit bestem Erfolg —, durch eine vorsichtige digitale Exploration und Dilatation dem im Scheidengrund stagnirenden entzündlichen Secret freien Abfluss zu verschaffen. Einer secundären Tamponade oder Drainage aber bedurften wir auch hier nicht.

Ein andermal sahen wir, noch bevor wir zur Exploration schritten, eine spontane Entleerung von Eiter oder seröser Flüssigkeit. In letzterem Fall konnte man bei der reichlichen wässrigen Absonderung fast an eine plötzliche Incontinenz der Blase denken. Wie wir uns überzeugten, hatte sich im Scheidengrund eine Reihe von traubig conglomerirten Peritonealcysten gebildet.

In einem Falle von vaginaler Radicaloperation endlich verzögerte sich die Convalescenz um ein Beträchtliches. — Hier entwickelte sich im Anschluss an einen complicirten Beckenabscess bei einer Virgo intacta (keine Tuberculose, keine Gonococcen) eine langsame, durch Wochen progrediente, bretthare Infiltration im präperitonealen Zellgewebe, schliesslich die ganze Bauchwand hinauf bis zum Scrobiculus cordis. Jede Berührung der oberflächlich nicht entzündeten, nicht gerötheten Haut war äusserst schmerzhaft. Wie wiederholte Incisionen und der Krankheitsablauf bewiesen, handelte es sich nicht um Eiteransammlungen in der Art eines phlegmonösen Processes, sondern um ein indurative Oedem, um sulzige Durchsetzung des intensiv gerötheten und geschwollenen präperitonealen Zellgewebes. Erst nach drei Monaten klang der Process spontan wieder ab, das Fieber wich, und bei der jetzt blühenden Patientin ist keine Spur dieser ausgedehnten und erheblichen Veränderung der Bauchdecken mehr vorhanden.

Rudimentäre Andeutungen ähnlicher, wie es scheint, bis jetzt unbeachteter Processe sahen wir noch zwei Mal, auch im retroperitonealen Gewebe, aber jedesmal von geringer In- und Extensität und kurzer Dauer.

Eine weitere Veranlassung für eine gewisse Activität können schliesslich Blutungen bilden, die plötzlich bei sonst glattem Verlauf meist zwischen dem 11. und 13. Tage, einmal sogar noch am 14., unvermuthet eintraten. Merkwürdigerweise erlebten wir übrigens die stärkste dieser „Spätblutungen" vor Jahren bei einer Kranken, welche mit Naht operirt worden war. Ob diese Blutungen mit der Demarcation grosser Schorfe oder mit der congestionirenden Menstruationszeit oder beiden Momenten zusammenhängen, bleibe dahingestellt. Jedenfalls dürfte in allen derartigen Fällen die einfache Tamponade ausreichend sein. —

Vom 10. Tage ab lassen wir die Kranken die bis dahin horizontale Lage nach Wunsch verändern, lassen sie sich auf die Seite legen, etwas aufrichten und gestatten vorsichtige Bewegungen. Wie oft sind wir übrigens in dieser Vorsicht von temperamentvollen Kranken überholt worden, die gelegentlich schon am 5. oder 6. Tage aus dem Bette stiegen, um z. B. bequemer Urin lassen zu können.

Am 16. bis 18. Tage p. o. stehen die Kranken auf und ihrer Entlassung in den folgenden Tagen steht Nichts im Wege. Es empfiehlt sich, noch einige Wochen die Scheidenausspülungen einmal täglich zu Hause fortsetzen zu lassen.

Aus dem vorstehenden Regulativ für die Nachbehandlung ergiebt sich als Hauptprinzip dieser Periode: möglichste Inactivität!

Erläuterung zu den Abbildungen.

Die Instrumente (Fig. 1—16b) sind nach der Natur gezeichnet. Die Zeichnungen Fig. 21, 22, 27, 28, 29, 30, 38, 42, 43, 48, 49, 50 sind schematisch gehalten. Bei den übrigen Abbildungen wurde so verfahren, dass intra operationem die einzelnen Acte photographisch aufgenommen wurden; genau nach den Photographien wurden Kreidezeichnungen in grossem Maassstabe zum Zwecke der autotypischen Vervielfältigung angefertigt.

Durch die Abbildungen der Präparate auf Fig. 39, 45, 46, 47, 51, 52, 54, 55 werden unmittelbar die Photogramme reproducirt. Zur klinischen und anatomischen Charakterisirung dieser Tafeln diene Folgendes:

Zu Fig. 39: Vaginale Aufschneidung mit medianer Aufschneidung der vorderen Gebärmutterwand (Doyen'sche Methode).

F. M . . . . l, 0 para, 22 Jahr. Seit 1 Jahre unter den Symptomen der chronischen recidivirenden Unterleibsentzündung erkrankt, völlig arbeitsunfähig.

Operirt am 14. 11. 93. Pachypelviperitonitis adhäsiva. Rechts Tuboovarialabscess. Links grosse Pyosalpinx (post operationem der Länge nach eröffnet). Linkes Ovarium klein, mit multiplen kleinen Abscessen. Dauernd geheilt.

Zu Fig. 45: Vaginale Radicaloperation mit totaler Medianspaltung des Uterus.

L. Kr . . . . r, 0 para, 37 Jahr. Seit 7 Jahren krank; sehr starker Ausfluss; drängende Schmerzen und Stiche in beiden Seiten des Unterleibs, die nach den Oberschenkeln ausstrahlen, starke Kreuzschmerzen. Da Pat. durch ihr Leiden sehr heruntergekommen ist und ihrer Beschäftigung nicht mehr nachgehen kann, sucht sie die Klinik auf.

Operirt am 14. 6. 94. Pachypelviperitonitis adhäsiva mit Bildung von Cysten mit serösem Inhalt. Pachypyosalpinx duplex. Cystische Entartung beider Eierstöcke. Grosse interligamentäre Cyste links. Dauernd geheilt.

Zu Fig. 46: Vaginale Radicaloperation mit totaler Medianspaltung des Uterus.

K. Sch . . . . f, 1 para, 1 ab., 27 Jahr. Periode immer sehr stark, mit heftigen Schmerzen in der linken Unterbauchgegend verbunden. Vor 7 Jahren von anderer Seite einer gynäkologischen Operation unterzogen. 1 Partus vor 3 Jahren. Vor 1 Jahr an einer fieberhaften Unterleibsentzündung mit Gelbsucht post abortum ca. 3 Monate bettlägerig. Beschwerden neuerdings wieder sehr verstärkt; Aufnahme in die Klinik.

Erläuterung zu den Abbildungen. 167

Operirt am 5. 2. 95. Pachypelviperitonitis adhäsiva mit Bildung von Cysten mit serösem Inhalt. Pachypyosalpinx duplex. Beide Ovarien kleincystisch. Dauernde Heilung.

Zu Fig. 47: Vaginale Radicaloperation mit totaler Mediaspaltung des Uterus.

E. B . . . . e, 1 para, 28 Jahr. 1 Partus vor 7 Jahren; seitdem ist Pat. krank; leidet an heftigen Schmerzen in der Unterbauchgegend, Druck auf den Mastdarm, starkem Ausfluss. Seit längerer Zeit Fieber; da jede ärztliche Behandlung bis jetzt ohne Erfolg, Aufnahme in die Klinik am 31. 5. 94.

Operirt am 6. 6. 94. Pachypyosalpinx duplex. Doppelseitige Ovarialabscesse: rechts solitär, links multipel. Pachypelviperitonitis mit Bildung multipler Abscesse. Dauernd geheilt.

Zu Fig. 51: Vaginale Radicaloperation mit unregelmässiger. Zerstückelung des (wenig vergrösserten) Uterus.

M. N . . . . n, 0 para, 30 Jahr. Seit 4 Jahren unterleibskrank. Nur zeitweise arbeitsfähig, dann wieder 3—5 Wochen lang an Unterleibsentzündung mit starken krampfartigen Schmerzen, namentlich in der linken Seite, Fieber etc. bettlägerig. Medicamentöse Behandlung erfolglos.

Operirt am 7. 1. 95. Grosser, auffallend mürber Uterus. Doppelseitige Tuboovarialabscesse. Pachypelviperitonitis adhäsiva mit Bildung von Cysten serösen Inhalts und Abscessen. Rechte Anhänge morcellirt. Dauerheilung.

Zu Fig. 52: Vaginale Radicaloperation mit unregelmässiger Zerstückelung des (wenig vergrösserten) Uterus.

E. Sch . . . . z, 1 para, 37 Jahr. 1 Partus vor 15 Jahren. Recidivirende Entzündungen im kleinen Becken. In dauernder ärztlicher Behandlung wegen Schmerzen und Blutungen. Wiederholter Aufenthalt in Frauenheilanstalten. Am 15. 12. 93 Incision einer Pyocele retrouterina von der Scheide aus unter Entleerung von 1/2 Ltr. jauchigen Eiters. Ohne Effect.

Operirt am 3. 1. 94. Pelviperitonitis adhäsiva mit Bildung von multiplen bis apfelgrossen Cysten serösen Inhalts und Abscessen. Doppelseitiger Tuboovarialabscess, links in intimster Verwachsung mit der Flexura sigmoidea. Rechtes Ligamentum latum excessiv schwielig verdickt. Uterus gross, sehr weich. Wallnussgrosser fibröser Uteruspolyp.

Bei der vaginalen Radicaloperation Verletzung der Flexura sigmoidea; sofortige ventrale Laparotomie, Resection.

6 Wochen post operationem Bildung einer kleinen Dickdarmscheidenfistel. Schluss 2 mal ohne Erfolg versucht. Pat. starb 2 Jahre nach ihrer Entlassung bei einer dritten, von anderer Seite zum Zweck des Fistelschlusses unternommenen Operation.

Zu Fig. 54: Vaginale Radicaloperation nach gemischtem Verfahren: mediane Spaltung der vorderen Cervixwand, Abtragung der Cervix nach präventiver Gefässversorgung, mediane Totalspaltung des Uteruskörpers.

M. K . . . . g, 0 para, 29 Jahr. Vor 9 Jahren gonorrhoisch inficirt; 1 Abort und danach 3 wöchentliche Krankenhausbehandlung; seitdem nicht mehr frei von Unterleibsschmerzen, besonders rechts, in die Beine ausstrahlend. In den letzten Jahren mehrfache fieberhafte Attaquen von Unterleibsentzündung, die theils zu Hause, theils in Krankenhäusern mehrwöchentliches Bettliegen verursachten. Seit 3 Wochen wiederum bettlägerig mit Fieber und heftigen Unterleibsschmerzen.

Operirt am 5. 2. 95. Pachypelviperitonitis adhaesiva mit intraperitonealer Abscessbildung. Pachypyosalpinx duplex. Beide Ovarien kleincystisch.

Dauernd geheilt.

Zu Fig. 55: Abdomino-vaginale Radicaloperation (s. Text S. 157): rechte Adnexe nach primärer ventraler Laparotomie, Uterus und linke Anhänge vaginal entwickelt.

J. S . . . . g, 0 para, 35 Jahre. Im 17. Jahr Bauchfellentzündung. Periode die nächsten Jahre äusserst schmerzhaft; seit 10 Jahren angeblich Gebärmutterentzündung mit starkem Ausfluss und heftigen Kreuzschmerzen. 10 maliger Aufenthalt in Badeorten; von berufenster Seite wurde ihre Krankheit auf einen um seinen Stiel gedrehten Ovarialtumor zurückgeführt. Nach erfolglosem Aufenthalt in vielen Heilanstalten Aufnahme in die Klinik.

Operirt am 15. 11. 94. Pyosalpinx dextra permagna. Pachypyosalpingitis sinistra. Pelviperitonitis adhaesiva mit Bildung von Cysten serösen Inhalts.

Dauernd geheilt.

www.ingramcontent.com/pod-product-compliance
Lightning Source LLC
Chambersburg PA
CBHW020258170426
43202CB00008B/418